人物篇

忠光的人

大将光芒万丈

读者杂志社 编

读者出版社

图书在版编目（CIP）数据

追光的人，终将光芒万丈 / 读者杂志社编. -- 兰州 ：读者出版社，2025. 6. -- ISBN 978-7-5527-0884-4

Ⅰ. B848.4-49

中国国家版本馆CIP数据核字第 20256N6K06 号

追光的人，终将光芒万丈

读者杂志社　编

总 策 划　宁　恢　王先孟
策划编辑　赵元元　王书哲
责任编辑　张紫妍
封面设计　杨　欣
版式设计　甘肃·印迹

出版发行　读者出版社
地　　址　兰州市城关区读者大道568号（730030）
邮　　箱　readerpress@163.com
电　　话　0931-2131529（编辑部）　0931-2131507（发行部）

印　　刷　北京盛通印刷股份有限公司
规　　格　开本 710 毫米×1000 毫米　1/16
　　　　　印张 13　字数 202 千
版　　次　2025 年 6 月第 1 版
　　　　　2025 年 6 月第 1 次印刷
书　　号　ISBN 978-7-5527-0884-4
定　　价　59.80元

目 录

貳

夜色难免黑凉，前行必有曙光

壹

看不清未来时，
就比别人坚持久一点

唯有行动能解决焦虑
——哈佛女孩朱成

李小兵

孩子，你只追前一名

聪明的孩子大体相同，小朱成也一样。她自小聪慧伶俐，很有自己的主张。

5岁多的时候，小朱成上学了，那时她还不叫"朱成"这个名字。

一天，梳着两个羊角辫的朱成跑到父亲朱晓强面前，迷惑不解地问："爸爸，我为什么姓朱啊？""这是中国人的习惯啊，小孩子都跟父亲姓。""那我也是妈妈的孩子啊，我为什么没有跟妈妈的姓，也没有妈妈的名呢？"小朱成把爸爸给问住了。"不公平，我要换个名字！"爸爸笑了："你要换个什么名字？"朱成小脸一扬，骄傲地说："爸爸姓朱，妈妈姓成，我就叫朱成。说明我是爸爸和妈妈共同的孩子！"

从此，"朱成"这个名字就诞生了。

自己改名字，在中国传统观念里，似乎对父母有"大不敬"的意思，但开明的朱成父母成全了孩子的独立思想，给她幼小的心灵插上了自由飞翔的翅膀。

小时候的朱成，身体纤弱，每次体育课跑步，她都是跑在最后，这让好胜心极强的小朱成感到沮丧。于是，妈妈成佩华安慰女儿："没关系的，你年龄最小，可以跑在最后。不过，孩子你记住，下一次你的目标就是：只追前一名。"

小朱成记住了妈妈的话，再跑步时，就奋力追赶她前面的同学，从倒数第一名，到倒数第二、第三……一个学期还没结束，小朱成已经跑到队伍的中间位置。

后来，妈妈把"只追前一名"的理念，引申到朱成的学习中。

第一次考试，朱成的成绩在班级里属于中游，小朱成自己也非常着急，妈妈却说："没关系，你只追前一名。下次考试时，你超过一个同学，再一次考试，再超过一个……如果每次考试都超过一个同学的话，那你就非常了不起啦！"

妈妈的安慰，给了朱成很大的信心。正因为有了这种平常心，朱成的学习不急不躁，一步一步走得特别稳当。由于父母经常调动工作，朱成也经常转学。每进一所新学校，开始时，她的学习成绩往往并不优异，但过不了多久，总能迎头赶上。

"只追前一名"，这一句看似平常的话，却成为朱成一直保持的做事理念。

妈妈，我学会了快速举手

父母的成功教育与朱成不懈的努力，终于结出了硕果。1997 年，朱成考上了北京大学英语系。毕业后，她萌发了出国留学的念头。

想到了就去做，这是朱成的做事风格。2001 年 4 月，朱成顺利地被哈佛大学教育学院以全额奖学金录取，成为当年哈佛教育学院录取的唯一一位中国应届本科毕业生。

"哈佛，我来了！"一踏进哈佛校园，朱成发出了心中的呐喊。可当她坐在课堂上时，却发现自己与美国学生存在着差异。课堂上，同学们举手发言时，老师从来不点自己，被老师点名发言的，全是美国学生。原来，美国学生举手发言的积极性，远比中国学生强烈许多。老师刚刚提完问题，美国学生在高高举手的同时，就已经抢着说出了答案。而此时的朱成，却还在犹豫着自己的答案是否正确，举手会不会被大家嘲笑。

其实，美国学生的回答，有正确的也有错误的，但他们并不考虑对错，只要有见解，就直接与老师交流。

想想自己远渡重洋的目的，想想临行前父母和老师再三的叮嘱与鼓励，朱成鼓起了勇气，试着快速地举手。就像当年跑步一样，她一名一名地追赶着前面的人，最后终于得到了回答问题的机会。那天，她在越洋电话里兴奋地告诉妈妈："妈妈，我学会了快速举手，我第一个回答了老师的问题！"慢慢地，朱成逐渐成了班里举手发言最多的同学，赢得了老师的青睐，也赢得了同学们的认可。

一个小小的举手行为，让朱成打开了适应留学生活的大门，也让她把握住了"哈佛节奏"。通过一年紧张刻苦的学习，2002年6月，朱成以所有科目全A的优异成绩，获得了哈佛硕士学位，成为该届700余名教育硕士毕业生中最年轻的一名学生。

总理，我第一个向您提问

哈佛一年的学习，让朱成的思维更加开阔了。读完硕士后，她并没有像大多数人一样直接攻读博士学位，而是选择了应聘哈佛文理学院教师的职位。

当她放弃攻读博士学位的时候，有些同学感到不解。朱成的回答却很简单："我只是想尝试一下不同的生活。"

哈佛大学有给老师打分的传统。朱成一年的教学工作，被她的学生打了高分，也被哈佛大学授予"优秀教师"称号。这对于一名刚从硕士生角色转换过来的新教师来说，是一种莫大的荣誉与肯定。

就在朱成被评为"优秀教师"不久，2003年12月10日，温家宝总理借出访美国之机，访问哈佛大学，在波登会堂发表演讲。听说温总理要来哈佛演讲，朱成兴奋极了，早早地报了名，获得入场听讲的机会。

温总理演讲完毕后，主持人——哈佛大学文理学院院长威廉·柯比先生说，希望大家能自由提问。一听说可以自由提问，朱成的第一反应就是把手高高举起，成为现场第一个向温总理提问的人。

"其实，当时我还没想好要问什么。这都是平时上课时形成的第一时间举手的习惯。对于提问，同学们都很积极，如果稍微慢了半拍，就会轮不到自己啦。而这次，是向咱们自己的总理提问，我当然不能让美国学生抢走这个机会。"朱成说。

虽然在举手的那一刻，朱成还没想好问题，但是在被点到的时候，她很快地在脑海中形成了自己感兴趣的问题："请问总理，中国打算如何办好2008年北京奥运会？"

事后，有些同学感到奇怪，为什么朱成在这样一个难得的机会中，向总理提出这样一个普通的问题？朱成笑着说："我希望借这个特殊的机会，让哈佛师生和全世界的人，把目光更多地投向中国，投向2008年的北京奥运会。"

原来，在朱成心底，始终有一个中国情结，不管走到哪里，她都为自己来自中国而自豪！

同学，我也要去参加竞选

朱成的学习和生活轨迹犹如一条"S"形曲线，2003年9月，她又来了一个180度的大转身，再次返回教育学院攻读博士，并获得全额奖学金。

2004年9月，哈佛开学后，教育研究生学院要换届竞选学生会主席了。

竞选的消息，朱成当然也注意到了，她想："我到哈佛已经3年，当过学生，也做过老师，可从来没有参加过美国的竞选活动，这不能不说是一个遗憾。"于是，她对另一个中国同学说："我也想去参加学生会主席的竞选！"那个同学为她的想法拍手称好。因为竞选这类活动，一向被认为是西方学生的事情，尤其是美国学生，他们从小就生长在一个竞争的环境里，他们的参与意识和竞争意识特别强烈，对竞选方式也了然于心；而相对来说，亚裔学生在这方面的能力略显薄弱。此刻朱成能出面参加竞选，也算为中国学生长了志气。

竞选程序复杂又严密，竞选者要经过组织竞选班子、公布纲领、发表演讲、制作海报、散发传单、接受质询等一整套复杂的环节，但这些都没有难倒朱成。最终的较量，在朱成与3名美籍同学中展开。

3位美籍竞选对手在各方面的表现，也非常优秀。临近投票前几天，他们的竞选班子展开了火热的宣传活动：穿着广告衫四处游说；在洗手间里投放广告；号召美籍同学社团支持本族竞选人；头戴"高帽子"，在帽子上写满竞选口号……那种大张旗鼓、激情澎湃的宣传，给同学们耳目一新的感觉。

朱成和她的竞选班子，同样也忙得不亦乐乎：贴广告、搞演讲、制定竞选纲领、推敲竞选宣言……此外，朱成还将中国文化元素——扇子舞、太极拳、中国戏曲等形式，引入"歌咏节""球类赛""演讲会"中，并请来大批美国学生参与，让他们乐在其中，并提出中肯的意见和建议。

一段时间的激烈竞争后，公布竞选结果的时刻终于到来。

"朱成，以62.7%的票数当选！"主持人宣布结果后，大厅里掌声如雷，朱成的竞选班子和支持者欢呼雀跃。一些中国学生，甚至流出了激动的泪水。那一刻，朱成脸上绽开了最自信、最美丽的笑容。

哈佛，我的名字叫"中国·朱成"

哈佛教育学院的人，都喜欢称朱成为"主席小姐"，因为她不仅温柔漂亮，工作还十分出色。

为了做好学院的辅助工作，朱成花费了不少心力。除了学习之外，她把所有时间都用在了学生会里，经常一边吃饭，一边与学生会成员、社团干部商讨工作，更别谈有什么节假日了。她以中国人特有的人文理念和亲和力，广泛联谊，把各项工作开展得井井有条，成效显著。2005年6月9日，朱成获得了哈佛大学"杰出工作奖"。在第354届毕业典礼上，哈佛院长爱伦·康德理夫·拉格曼这样评价朱成："朱成在担任学院学生会主席期间，展现出充满智慧和活力的、领导全体学生的杰出能力，因此颁发此项荣誉。"这是对1200余名在院硕士、博士生颁发的唯一最高学生奖项。

2006年4月，哈佛大学研究生院学生总会主席进行换届选举。由于有了第一次竞选的经验，朱成决定再次参加竞选，向更高一层进发。

这次总会主席的竞选，比上次教育学院主席的竞选更为激烈。这次的竞选者，是全校11个研究生学院精心选拔出来的47名优秀委员，除了朱成，都是美国学生。

在近乎白热化的学生总会主席竞争中，朱成凭借自身在哈佛学习、工作的经验和实力，舌战群儒，经过发布任职纲领、发表演讲、激烈辩论、回答委员提问等多个环节，最终以其在校的优异表现、特有的东西方文化背景、独特的魅力和干练的作风胜出，当选为2006—2007届哈佛大学研究生院学生总会主席，成为哈佛大学370年校史上，第一位华人学生总会主席。

"哈佛大学学生总会主席"这个头衔，有着"哈佛总统"之称。当时，有人采访朱成，问及她内心的感受时，她动情地说："我获得哈佛学生总会主席这个职位，只是说明今后我要做的工作更多。当然，我能成为哈佛大学370年校史上，第一位华人学生总会主席，我感到非常自豪，因为在哈佛，我的名字不再是朱成，而是'中国·朱成'！"

当这个自信的女孩说出"中国·朱成"这四个字的刹那，她感动了整个哈佛。因为从她简单的话语里，人们感受到了她对祖国的一片赤忱！

永远别说你做不到
——体操奶奶丘索维金娜

陈嵘伟　湄可

　　助跑，起跳，转体，落地……丘索维金娜完成最后一跳，还是和上一跳一样，落地时出现失误。尽管如此，东京奥运赛场上还是响起了热烈的掌声和欢呼声，人们向这位46岁的"高龄"选手致敬。2021年7月25日，乌兹别克斯坦体操老将丘索维金娜登上体操资格赛赛场。很多人希望这位"妈妈级"选手能续写世界体坛传奇——这距她首次亮相夏季奥运会，过去了整整29年。29年足够漫长，漫长到当初的对手早已成为教练，漫长到如今的对手几乎都是自己的下一辈。

　　29年间，体操始终流淌在丘索维金娜的血液中，她曾穿着3种不同战服（独立国家联合体、德国和乌兹别克斯坦）征战奥运会，成为奥运会历史上绝无仅有的传奇。然而，当大屏幕打出丘索维金娜的即时排名"11"时，一切辉煌都成为过往。这一成绩不足以令她进入之后的决赛。丘索维金娜转身走向教练，埋进他宽阔的臂弯里，眼泪奔涌而出。这是她留给世界的最后一跳，也是她职业生涯的谢幕演出。

　　各国年轻体操选手簇拥而来，争相与丘索维金娜合影。比赛现场的人纷纷起立鼓掌，掌声萦绕在体操馆的穹顶下，久不停歇……

近30年"超长待机"

丘索维金娜曾表示，自己计划在2020年奥运会后退役。她开玩笑说，当了这么久的体操运动员，很幸运还能在早上醒来时看到每天初升的太阳。

2020年东京奥运会延期的消息，并未打乱这位老将的训练计划。相反，多出来的时间能够让她更好地调整状态。

深呼吸，助跑，腾空，旋转，"砰"的一声，丘索维金娜双脚落地。紧接着，她从软泡沫坑里爬出来，重复刚才的一系列动作。在位于美国休斯敦的训练馆里，丘索维金娜为比赛一遍遍地练习着。

1975年，丘索维金娜出生于乌兹别克斯坦的布哈拉市。7岁时，好动的她被家人送进体操学校学习，6年后进入苏联国家队。

1991年，对丘索维金娜而言是一个重要年份。那年，16岁的她来到美国印第安纳波利斯，参加女子体操世锦赛，以"直体晚旋"的动作，获得个人的第一个世界冠军。

1992年7月25日夜晚的蒙锥克体育场，两届残奥会射箭奖牌获得者安东尼·里贝罗用火种点燃箭头，准确射向70米外的圣火台，拉开了巴塞罗那奥运会的序幕。

丘索维金娜的体操事业，也如那根划破天宇的箭矢，进入炽烈而迅猛的爆发期。

在巴塞罗那奥运会上，17岁的丘索维金娜代表独立国家联合体获得体操女子团体金牌。虽然之后受到苏联解体的影响，训练条件和资源大不如前，但她还是收获了两届世锦赛的女子跳马铜牌，并在1994年亚运会上摘得一银一铜。

1996年，21岁的丘索维金娜代表独立后的乌兹别克斯坦出征亚特兰大奥运会。面对年轻选手的挑战，她为祖国赢得个人全能第 10 名的好成绩。

奥运会结束后，丘索维金娜遭遇了跟腱撕裂，不得不选择退役，告别体坛。随后，她和摔跤运动员克帕诺夫结婚，并于 1999 年诞下一个可爱的男孩，取名阿里什。

虽然结婚生子，但丘索维金娜无法放弃对体操的热爱。

"我当时真的决定结束体操生涯了。但后来我去熟悉的运动场看了一眼，就想在生完孩子以后迅速恢复，重返赛场。"

女子体操运动员的黄金年龄一般是 16 岁到 20 岁，随着年龄增长，体能下降和肢体僵硬将会成为运动员保持状态的最大阻力。2000 年，重披战袍登上悉尼奥运会赛场的丘索维金娜，已是 25 岁"高龄"。

可年龄并未成为丘索维金娜的束缚，她在场上奔跑，跃起，旋转，参加了 5 项比赛。

谁会帮助一个前世界冠军

就在丘索维金娜的事业焕发第二春时，她的人生却遭遇迎头一击：儿子阿里什被诊断患有白血病。

"这个消息太可怕了，我感到特别无助，我呆住了，不敢相信他们说的话。"高达 12 万欧元（按 2025 年 3 月汇率，约合人民币 94 万元）的治疗费用，更是让这个并不富裕的家庭束手无策。

丘索维金娜不能退役，毕竟，一枚世锦赛金牌就等于 3000 欧元奖金。她知道，拯救儿子性命的唯一希望就是比赛。

"要是退役，我就只能坐在病床边，看着儿子死去……但谁会帮助一个前世界冠军？"

这一年，丘索维金娜 27 岁。为了儿子，她要和更加年轻的选手争夺奖牌。别人为荣誉而战，她却为儿子的生命而战。

为了拿到尽可能多的奖牌，获得更多奖金，丘索维金娜频繁参赛，且不再局限于自己擅长的跳马，她也会参加自由体操、高低杠和平衡木等其他项目的比赛。为了儿子阿里什，她要更加"全能"。

"我决定，参加所有能参加的比赛，只为了给儿子筹集治疗费。我不怕困难，我只知道，即使受了伤，我也必须站起来参加比赛。"

然而，对身体柔韧度和体能不断下降的丘索维金娜而言，每次训练都是生理与心理的双重折磨。她不敢生病、不敢受伤、不敢休息、不敢停赛，拿奖金救儿子成为丘索维金娜生活的目标。

2003年，丘索维金娜再次夺得世锦赛跳马冠军，但她渴望的奖励却成为泡影——乌兹别克斯坦并未兑现早先承诺的奖金。

"当时乌兹别克斯坦承诺给亚运会冠军奖金，一块金牌奖励5000美元（按2025年3月汇率，约合人民币3.6万元）。我在2002年釜山亚运会拿了两枚金牌和两枚银牌，怎么说也能拿到1万美元，但我一分钱也没拿到。在2003年世界锦标赛上，我又拿了金牌，但还是没有奖金。要知道，在这之前，乌兹别克斯坦从来没有运动员赢过世界锦标赛金牌。"

另一边，阿里什的病情逐渐恶化，急需进行透析治疗。但乌兹别克斯坦的医疗条件有限，透析机器仅有几台，等待治疗的患者排成长队。

她不得不向此前自己所在的德国科隆俱乐部求助。两位教练很快伸出援手，发动德国体操界慷慨解囊，并为阿里什联系了医院，阿里什得以及时入院治疗。

在科隆安顿好儿子后，丘索维金娜又投入训练。"我必须比赛，为他挣治疗费。"德国体操队为她提供了相应的训练资源，这让丘索维金娜得以在保持良好竞技状态的同时，继续为国效力。

2004年，奔波于医院和训练馆的丘索维金娜登上雅典奥运会赛场，但在预赛阶段便意外失手。下场后，人们看不到丘索维金娜的表情，只能看到她倚在墙角呆立了许久。

在德国训练 3 年后，2006 年，为了报答德国朋友的帮助，同时也为了更好地照顾儿子，丘索维金娜决定加入德国国籍，代表德国征战国际赛事。

此举遭到乌兹别克斯坦民众的强烈反对，舆论纷纷指责丘索维金娜"叛国"。可为了儿子，丘索维金娜只能如此。

身披德国战袍的丘索维金娜在接下来的几年中相继摘下一枚金牌和两枚铜牌。2008 年北京奥运会上，33 岁的丘索维金娜拿下跳马亚军。

就在这时，好消息传来，医生告诉丘索维金娜，阿里什的病基本痊愈了。

"我无法形容我的快乐，儿子痊愈了，我每天的生活都充满喜悦，当我站在赛场上时，我觉得自己还是 18 岁。"

但新的打击也接踵而至，在北京夺银后的一次比赛中，丘索维金娜落地不稳，导致跟腱断裂。这对已经 33 岁的丘索维金娜来说是致命伤。

"当时我非常绝望，我想我再也不能参加比赛，为祖国带来荣誉了。"

就在外界惋惜这位优秀运动员的谢幕时，丘索维金娜却再度令世界震撼。2011 年，经过一年休养的丘索维金娜夺得日本体操世锦赛女子跳马亚军。一年后，37 岁的她第 6 次出征奥运，夺得女子跳马比赛第 5 名。

谁都不知道，这副 1.53 米的娇小身躯中，到底蕴藏着多大的能量。

此时阿里什已经痊愈，外界纷纷猜测，伦敦奥运会将是她的奥运绝唱。但丘索维金娜回答道："41 岁和 37 岁又有什么区别呢？只要我喜欢，我会一直坚持下去。"

"现在，我为自己而战"

"当我小的时候，我训练，参加比赛，只想追求结果；当我儿子生病的时候，我只能靠比赛赚钱为儿子治病。但是现在，我终于可以把比赛当成一种享受，并且从中获得巨大的乐趣，我现在为自己比赛。"

2014年，丘索维金娜参加仁川亚运会，人们惊讶地发现，她穿的竟是乌兹别克斯坦的队服。

"当我快要结束职业生涯时，我要回到起点。"2013年，丘索维金娜申请重归乌兹别克斯坦。3年后，她再度披上国旗，第7次出征奥运，获得女子跳马第7名的成绩，由此成为体操界第一位连续参加7届奥运会的选手。

在2018年的雅加达亚运会上，丘索维金娜摘得跳马银牌。冠军得主韩国小将吕瑞正，比她小了整整27岁。丘索维金娜，成为同台竞技的女孩口中的"丘妈"。

有记者问她，如何看待与年轻选手同台竞技，她耸耸肩："我不怕她们，反过来，她们应该怕我，因为我很有经验。"

丘索维金娜并未将年龄视为障碍。她将"把握当下，不让明天的自己后悔"当作座右铭。"我认为每个人都应该热爱自己的事业，全身心投入才能取得成功，失败是让我返回赛场的动力。每个人都应该给自己设立目标，然后不顾一切地向这个目标前进。"

里约奥运会之后，有许多人曾询问丘索维金娜，她是否会参加下一届东京奥运会。人们很好奇，这位"不老传奇"会选择在哪一刻停止自己的奥运之旅。丘索维金娜以她自己的方式回答了这个问题："如果运动能够带给我快乐，我将会继续给我的国家——乌兹别克斯坦带来荣誉。"

在东京奥运会赛场上，她十指涂满代表乌兹别克斯坦国旗的蓝白绿指甲油，耳朵上戴着闪亮的耳钉，在掌声和欢呼声中谢幕。正如在伦敦与里约的奥运赛场上那样，即使丘索维金娜最终未能摘牌，她仍然扛起了那面象征奥林匹克精神的大旗，赢得了世界的掌声。

今天不想跑，所以才去跑
——马拉松之王基普乔格

令 颐

马拉松代表着人类身体在奔跑时的能力极限。2022 年 9 月 25 日，柏林马拉松，肯尼亚运动员埃鲁德·基普乔格以 2 小时 01 分 09 秒完赛，将原本由自己保持的男子马拉松世界纪录缩短了整整 30 秒。

基因与环境

1984 年，基普乔格出生在肯尼亚西部南迪县的一个传统卡伦金族家庭，他是 4 个孩子里最小的一个。母亲是一位严苛的幼儿园教师，而他只从相片里见到过早逝的父亲。

在他生活的村落不远处，是埃尔多雷特，这个村子曾走出过 40 多位卡伦金族的世界级长跑冠军。

过去的很长一段时间里，很多欧美学者都试图从基因和生物学的角度来解释这一现象。有学者认为，卡伦金人修长的下肢、窄而瘦的躯干会帮助他们"节能"，比起其他运动员，他们每跑一公里的耗能可以减少 8%。

还有人认为擅长打猎的卡伦金人在追赶动物的过程中，提升了奔跑能力。而终日需要与动物搏斗的生活，也使得卡伦金人格外好胜，这也进一步增强了他们在竞技运动中的精神属性。

此外，地理环境也深刻地影响着这些运动员的表现。纪录片《为跑步而生——肯尼亚的秘密》中提及，生活在海拔 2500 米的高原地带，这也是肯尼亚长跑运动员的优势。在高海拔地区训练，可以提高运动员体内的红细胞和血红蛋白数量，人体的摄氧量也会因此提高。这也加大了他们的竞争优势。

除了海拔，埃尔多雷特也具备孕育长跑冠军的自然条件。在这里，人们可以毫无障碍地俯瞰东非大裂谷，红沙土、森林、草地取代了城市中的沥青、水泥，成为最佳赛道。这里白天的气温常年保持在 24℃ 左右，空气清新，毫无污染，天然松软的红土不仅可以为运动员提供极好的减震性，避免伤病，还可以锻炼运动员的小腿力量。

这些都构成了基普乔格成为世界级跑者的基础，但并不是全部。

最美的跑姿

必须承认的是，作为长跑运动员，基普乔格具备相当完美的身体条件。

基普乔格身高约 167 厘米，体重约 52 千克，有着解剖学草图上的标准体格。他的 BMI（身体质量指数）常年保持在 19，全身几乎没有多余的脂肪。

他还有一项强大的能力——根据某科学团队给基普乔格进行体测得出的数据，他的肌肉在运动过程中产生的乳酸含量极低——在长距离跑步过程中，跑者需要消耗氧气，因此会持续产出乳酸，这也是运动员变得疲惫的主要因素。

乳酸阈值，是一项用来评定运动员有氧能力的重要指标。乳酸阈值越高，同等运动强度下所产生的乳酸就越少，相应的运动表现就越好。普通人的乳酸阈值在 60% 左右，而像基普乔格这样顶尖的马拉松运动员，乳酸阈值可以达到 90%。

此外，基普乔格还拥有被誉为"史上最美"的跑姿。

首先，在跑步的过程中，他的脚掌最先落地，这会帮助他更有效率地蹬地，并保持相对较高的步频，略高于每分钟 180 步；其次，奔跑时，他的膝盖始终保持弯曲，这样当他的脚开始承受压力时，可以得到足够的缓冲。与此同时，他的整个身体始终保持微屈，向前倾斜，这就伸展了他的髋部，增加了他前进的动力。

非常难得，也最为重要的一点是，跑步时，基普乔格的头和躯干始终保持在一条直线上，肩膀没有晃动，这意味着他全程都在以合适的力度控制着腹部核心——在马拉松比赛 42.195 公里的跑程中，从发令枪响到抵达终点，他几乎能保持完全一致的跑步姿势，这需要精神高度集中，也需要极强的自控力。

关键的决定

基普乔格能够成为"马拉松之神"，一个因素至关重要——原本练习 5000 米项目的他，在遭遇成绩瓶颈时，及时地选择了转项马拉松，就好像一个人站在命运微妙的岔路口，而他最终选择了那条正确的路。而在这个选择背后，是一位与他合作了 20 年的教练帕特里克，以及师徒之间无条件的信任。

谈起基普乔格和其他人的不同时，帕特里克特别强调了一点——信任。最初合作时，他会布置一周的训练计划，让队员自己回去练，很多队员会问为什么，或者擅自调整计划，只有基普乔格会严格执行，从不讨价还价，也从不质疑。

2012 年里尔半程马拉松，基普乔格首次亮相，便获得季军。2013 年汉堡马拉松，是基普乔格参加的首个全程马拉松比赛，他以 2 小时 05 分 30 秒的成绩赢得第一枚马拉松冠军奖牌。

2018 年，基普乔格写了一封信，名为《致年少的自己》。在信中，他这样写道："帕特里克对于你，将远远不只是一个教练，他会成为你的精神导师、你的生活教练，扮演一个父亲般的角色。他将托举起你，去摘取奥林匹克的桂冠，并创下世界纪录，达到一个年少懵懂的你完全难以想象的高度。"

恒心与耐心

在肯尼亚高原一处海拔超过 2500 米的地方，帕特里克建立了卡普塔加特训练营，这也被认为是世界上最大的长跑运动员训练基地。

2002 年，基普乔格刚来到营地的时候，这里甚至没有自来水。但就是在这里，基普乔格接受了近 20 年的训练。20 年来，他的日常作息几乎是固定的：每天清晨 5 点前起床，5 点 50 分就开始跑步。一周之内，他和其他营员会进行一次相当于比赛强度的长跑（30—40 公里）、几次慢跑、两次核心训练，此外还有每天一次的力量训练和身体调理，以及一到两次的法特莱克训练（赛道上的速度训练）。在这样的规划下，他每周的跑步量超过 200 公里。

这样的训练生活日复一日。"我总是告诉人们，这是一个非常简单的交易：努力工作。"基普乔格说。

在马拉松迷之间，一直流传着一个问题："如果基普乔格多参加一些比赛，他是不是会拿下更多的冠军？"自 2013 年以来，他的参赛频率是雷打不动的每年两场，每两场比赛之间的间隔时间在 4—6 个月，他从不贪心，也从不急于刷新纪录。留给自己充足的恢复和备赛时间，这也是基普乔格很少受伤的原因之一。

自　律

唯自律者得自由——对所有的竞技运动员而言，这是最基本的职业格言。

基普乔格亦是如此。

2019 年 10 月，在维也纳，他以 1 小时 59 分 40 秒成为第一位将马拉松成绩带进两小时的运动员。这次实验，被称为"159 挑战赛"。

赛程结束后，这场跑步的领跑员、经纪人等所有参与者举办了一场大型庆功宴，基普乔格为 41 名陪跑的配速员颁发了奖杯。在宴会中，所有人都非常兴奋，把酒言欢，只有基普乔格滴酒未沾。在和他们说完一肚子感谢的话后，他独自回到酒店，像往常训练时一样，赶在 10 点之前沉沉睡去。

科技与极限

曾有科学家在经过复杂的计算之后得出结论：第一个能在两小时之内跑完马拉松的人，要在 2075 年才出现。即便在完美的比赛情况下，也没有多少人相信，真的有人可以突破两小时的关口——那是人类的身体极限，难以超越。

为了突破这一极限，基普乔格进行过两次尝试。

第一次是 2017 年，基普乔格在意大利蒙扎赛道的测试赛中跑出了 2 小时 00 分 25 秒的成绩。跑完后，基普乔格略有遗憾地说："世界距离我们只有 25 秒。"

随后，他和团队又进行了长达两年的准备——这个精密的准备过程，堪称竞技体育项目与当代科技的完美配合。

英利士科学团队将第二次挑战的地点选择在了维也纳普拉特公园的一条大道。这里距离基普乔格在肯尼亚卡普塔加特的训练营只有一个时区，他不用再劳心倒时差，温度和湿度也很理想。

同时，为了让基普乔格脚下获得足够的支撑和平衡感，通过科学计算，他的团队用沥青在路面转弯处创造出了一个 10 度的旋转角度。这样一来，每一圈能够让基普乔格省下 3 秒钟的时间，加起来总共就是 12 秒，这对于他保存体力至关重要。

团队里的科学家罗宾还跟他的助手一起研究了一个风阻最小的跑步队形。他们利用流体力学模组和电脑模型进行了分析，做了跑步者的迷你模型，放到风洞里，并以不同的队形来测试风阻。

最终，他们得出结论，配速员们需要摆出"Y"字形，形成一道屏障，为基普乔格遮挡四面的来风；还有一位配速员会跑在基普乔格的正前方担任"破风者"。在这样的队形下，基普乔格所处的位置会是一个几乎无风的空间——在这个空间中，他只需要承受过往比赛中 1/6 的拉力。

还有专为基普乔格设计的跑鞋，鞋的重量比之前轻了 15 克，但鞋底变得更厚，"就像一根迷你的弹跳杆"，可以吸收大部分踩在柏油路面上的压力。

2019 年 10 月 12 日，维也纳普拉特公园，人类对于自己身体极限的挑战又一次开始。最终，即将 35 岁的基普乔格以 1 小时 59 分 40 秒的成绩成功"破二"，人类首次在男子马拉松项目上跑进两小时。

只是，因为这次挑战并非正式的比赛，且整个赛程过于完美，这个成绩并未被国际田径联合会承认，但这仍然是人类挑战身体极限的重大突破。

热 爱

基普乔格"破二"的过程被拍成了纪录片，取名《最后的里程碑》。在整部影像记录中，有一个群体同样不可被忽视。在"破二"的挑战中，先后有 41 位配速员陪伴基普乔格完成挑战。这些配速员也被称为"兔子"。在挑战开始之前，基普乔格就对所有的配速员表示了感谢，他真诚地说："感谢你们抽出时间，来帮助我完成这一崇高的挑战，创造历史。这无关竞争，与其他任何事情都无关，这关乎创造历史，关乎改变人类的思维方式，这就像登上月球，然后重返地球。让我们一起前往月球，然后再回到地球庆祝。"

在基普乔格的少年时代，跑步是一种选择，一个改变生活的可能性。在基普乔格看来，肯尼亚之所以能够称霸田径界，是因为运动员们将运动视为自己的职业，一份能够赚钱、满足三餐温饱的职业，而绝不是为了兴趣而选择跑步，"我们大部分的运动员来自贫困家庭，所以必须奋斗，必须保持强壮"。

但时间让他明白了什么才是自己奔跑的原动力："在生命的旅程中，永远伴随着高潮和低谷，就像马拉松中也有很多的挑战。有训练时的伤病、奔跑中的疼痛，当然还有在完成马拉松时发自内心的快乐，每个人要坚信自己体内的能量。马拉松就是生命。"

最慢的人最先到达终点——霍金

李珊珊

世界上最贵重的黄金、白金，也比不上霍金。霍金的走红缘于他那发达的大脑加上一具衰败的躯体，这也正好符合人类对那种叫科学家的"异类同胞"的想象。

一些人说，这个大脑比这个星球上大部分同类更了解宇宙，却不能在这个星球表面上随意走动；另一些人则认为，他根本不可能是我们的同类，他应该是个外星人。

这个大脑做了什么？

同行们说，他提出了大爆炸可能开始于一个奇点，还发现了黑洞不黑，并且有辐射。前者为霍金捧得了 1988 年的沃尔夫物理学奖；而对于后者，《连线》杂志认为，那是足以获得诺贝尔奖的研究成果。

普通公众也许只知道这个人写过《时间简史》——一本可能是世界上最难看懂的畅销书——全球销量几乎达到 1000 万册。

普通的小时候

霍金的传奇人生可以追溯到他的出生日期：1942 年 1 月 8 日，伽利略逝世 300 周年纪念日。霍金出生于一个典型的英国中产家庭，父母均为牛津大学毕业生，父亲是医生，母亲婚后做家庭主妇。

小时候的霍金从未表现出什么惊人的天赋。不过，因为分班测试时超常发挥，霍金去了一个很好的班级，但他的成绩在班级从未排名上游，一般是在 20 名上下。

小时候的霍金还有个比较像小天才的癖好：喜欢玩具火车、轮船和飞机，尤其喜欢把它们拆开，探究它们是怎样运行的。

12 岁时，两位朋友用一袋糖果打赌，说霍金永远不可能成才。当然，他们错了。不过，打赌正好也是霍金的爱好，但他经常输掉。他曾与某位科学家打赌：如果对方赢了，霍金替他订阅一年的《阁楼》；如果霍金赢了，对方替他订阅一年的《侦探》。16 年后，结果出来了——霍金输了，他却很开心，因为打败他的，是自己的新理论。

研究宇宙学

做医生的父亲希望霍金去学医，但他不喜欢生物学，因为那个学科不够抽象。17 岁那年，虽然"考得很糟"，他还是拿到了奖学金，进了牛津大学的大学学院。

大学学院不设数学专业，所以霍金申请了物理学，然而，仍然没有什么火花在霍金与物理的碰撞中产生。在牛津的岁月里，他仍然没有显现任何"成才"的迹象，他的人生，仍然只是马马虎虎。

20 世纪 50 年代末，极端厌学的情绪笼罩着牛津。在牛津的 4 年间，霍金总共用功 1000 小时，"平均每天 1 小时"。为了通过期终考，他选择了理论物理。他说，那是为了"避免记忆性的知识"。因为成绩不好，处于一等和二等的边缘，他需要面试。面试时，一位考官问到他的未来计划，霍金回答：

"我要做研究。"最后，他拿到了一等的毕业成绩。

霍金想研究的是宇宙学。在理论物理中，有两个领域是最基本也最抽象的，一个是看不见摸不着的基本粒子，另一个是庞大的宇宙。霍金觉得粒子物理不如宇宙学抽象，前者更像生物学。霍金去了剑桥，因为"当时的牛津没人研究宇宙学，而剑桥的霍伊尔却是英国当代最杰出的天文学家"。

我们的宇宙为什么是这样？有一种说法是：我们就在这里，所以，我们看到的宇宙就是这样。但这个答案不能让霍金满意，他想要知道更多。

医生告诉他只有两年寿命

滑冰时，母亲发现，儿子在摔倒后要爬起来非常艰难。霍金住进了父亲的医院，住了三周，做各种检查，目睹对面病床上一个男孩死于肺炎。医生告诉他，有一天，他会死于呼吸肌功能丧失，而他的寿命也许只有两年了。

拿着医生开的维生素片，霍金回到学校，他觉得自己很倒霉，"也许活不到博士毕业了"。他做噩梦，听瓦格纳的音乐。浑浑噩噩中，霍金邂逅了一个叫简的圆脸姑娘，并和她订了婚。

很多年后，有人问简："为什么要跟一个只有两年寿命的人订婚？"她笑了笑，说："那个年代，人人都说苏联的核武器两年内就会打过来。"

跟简顺利结婚

为了结婚，霍金需要工作；为了找到工作，他得拿到博士学位。于是，平生第一次，他开始用功。在医生宣判的死期临近时，霍金的广义相对论研究有了点眉目，而且他遇见了彭罗斯。

彭罗斯比霍金大11岁，他有相当好的数学功底。当其他人正在费尽心思猜测求解方程时，彭罗斯引进了一种新方法，不需要具体的求解方程，就能看出解的一些性质。

根据爱因斯坦的理论，万有引力与时空观紧密相关，在爱因斯坦看来，万有引力最恰当的解释不是传统的力，而是时间和空间的弯曲。当时空弯曲了，所有的物体走最短程的路径，这些短程路径看上去就像是引力作用在物体上而引起的。黑洞就是时空弯曲的最有名的例子。

从 1965 年到 1970 年，霍金和彭罗斯组成一个关于黑洞和婴儿宇宙（即"早期宇宙"）的研究小组，他们成功了。在那个年代，编写《现代宇宙学编年史》时，克拉夫写道："我们观测到了大爆炸的遗迹——微波背景辐射（已获1978 年度诺贝尔物理学奖），也给出了大爆炸这一现象的理论支持。"

很快，霍金顺利毕业，申请到了学院的一笔研究奖金，跟简顺利结婚。他再也没有联系那个判他死刑的医生，医生也没有联系他。而他的病，看上去也忘了他，恶化的速度一天天慢了下来。

到 1979 年，霍金有了 3 个子女，还获得了卢卡斯教席——数学界最重要的一项教授名衔。霍金说："因为我在系里办公室的门上贴不干胶字条，系主任很生气，便推选我做卢卡斯教授，好让我搬到另外一间办公室去。"认识他的人都知道，这段话只是一个牛津学生在假装不在乎荣誉。事实上，霍金对这个头衔非常在意，他记得自牛顿以来 300 年间所有获得卢卡斯教席的人的名字。

难以理解的书居然很畅销

到了 1982 年，霍金开始打算发挥自己的专长去赚点钱。他想写一本关于宇宙的小书，读者是广大公众。他要给那些对物理学和数学一窍不通的人解释宇宙学，而且要让书畅销。

霍金先把想法告诉了剑桥出版社一个出版过他学术著作的编辑，并明确表示，这本书的版税可以再谈，但希望能有一笔预付款。编辑给霍金允诺了1万英镑的预付款。在剑桥出版社，这已经是最高标准了，但对霍金而言，显然不够。

一位纽约的文化经纪人接了兜售霍金写作计划的活儿，他对各大出版社说："宇宙学以及霍金与疾病奋斗的故事是这本书畅销的两大保障。"最终，美国的矮脚鸡出版社用25万美金的预付款和丰厚的稿酬买走了霍金的故事。

1984年，矮脚鸡出版社派了一个编辑与霍金合作完成这本书。这本书写得很不容易，其间，霍金因为患肺炎不得不切开气管，失去了说话能力，只能靠扬眉来进行交流。幸亏很快就有人送了他一个协助沟通的计算机程序，让他可以继续写作。

1988年，在霍金46岁的时候，他与彭罗斯一起获得了沃尔夫物理学奖。这本《时间简史》也终于在美国出版了。

据说，宇宙的难以理解之处就在于它居然是可以理解的；而霍金的书令人难以理解的地方则在于，如此难以理解的书居然被卖出去了，还很畅销。

随着《时间简史》的热销，霍金的婚姻也走到了尽头。与他结婚25年的简认为，她正在失去自我："每次到了正式场合，我就只是个站在他身后的人。"嫁给霍金后，为了摆脱这种感觉，简曾很努力地拿到了中世纪欧洲文学的博士学位，甚至在剑桥大学获得一个教书的职位。然而，在春风得意的霍金看来，与宇宙相比，那些人类编出来的东西，实在不算什么。

2005年接受采访时，霍金说："我知道我的人生很难被描述为普通，但我确实觉得，在我心里，我就是个普通人。"

很少有人能听懂这个"普通人"的话，然而，这不妨碍人们喜欢这调调。科学家这个职业的从业者就该这样。

在晦暗的日子里追光
——"清华才女"李一诺

傅 青

2021年因为一场意外，李一诺做了左手缝合手术。术后反应让她在归家途中呕吐了一路，然而一小时之后，她就要参加一场线上活动的启动仪式。回到家，她用一只手迅速给自己化了个妆，之后坐在电脑前，打开摄像头，装作无事发生的样子侃侃而谈。活动一结束，李一诺立刻瘫倒在床上昏睡过去。半夜醒来，她才去卫生间卸掉了脸上早已花掉的妆。

那一刻，你真该看看她的脸。

这就是一个在别人眼中如"开挂"般存在的传奇女性，她在现实生活中却不断面临着艰难处境。李一诺感慨道："有时候，我都觉得自己挺悲壮的。可即便生活一地鸡毛，我也要打起精神来。"

李一诺身上有不少耀眼的标签——她是学霸，从山东保送进清华大学生物系，之后又在加州大学洛杉矶分校分子生物学读完博士；她是女强人，曾任麦肯锡全球董事合伙人，又担任比尔及梅琳达·盖茨基金会中国办公室首席代表；现在她投身教育，是一名创业者。同时，她还是3个孩子的母亲。

硬着头皮上

回顾过往，李一诺觉得自己的人生是由一次次的"退堂鼓"、一次次的"不得不"，还有一次次的"我怎么这么差"串联起来的。

博士毕业后，她去麦肯锡面试。因为舍不得花200美元（按2025年3月汇率，约合人民币1452元）买一套正装，她辗转找到实验室里与自己身材相仿的韩国女同学，借她的衣服去参加面试。

入职后，李一诺发现周围的同事大都穿着名牌，嘴里讲着各种商务用语。而她穿着冲锋衣和牛仔裤，讲一句话都要在心中再三掂量，生怕发音不标准。同事们热烈讨论着棒球和橄榄球，而她对这些完全没概念，甚至连同事们讲的很多笑话，她都听不懂，只好勉强跟着笑。

虽是同龄人，但在生活上他们极度缺少共鸣。和李一诺年纪相仿的美国同事们，有的3岁就和父母去滑雪，有的儿时就游历了世界上大多数国家。而她的儿时记忆，却被济南冬天阳台上堆成山的大白菜、拿着粮票打来的酱油、蜂窝煤炉子和脚上的冻疮填满。

9岁的时候，李一诺就已经知道父母生活不幸福，知道很多事情只能靠自己，知道尽量不要给别人添麻烦。她学会了察言观色，学会无视家中的各种冲突。13岁时，父母选择了离婚。那一天，她躺在床上，给自己起了一个新名字：李一诺。

在清华大学上学时，李一诺觉得食堂5毛钱一个的鸡蛋太贵了，于是跑到家属区花3.5元买了11个鸡蛋，每天在宿舍用电热杯煮鸡蛋吃。但在宿舍用电热杯属于违纪行为，一次上课时，她突然意识到自己好像忘拔电源，担心老旧宿舍楼着火，于是骑上自行车，飞奔回宿舍，好在最后无事发生。但这个骑车狂奔的场景，成为她大学4年中印象极深的片段之一。

入职麦肯锡后，李一诺买了人生中第一套职场套装，换上干练的发型，学着化妆，让自己尽快融入环境。她说："很多事情其实我都不太懂，但又不能让别人看出来我不懂，只得硬着头皮上，一边学，一边做，一边装。"

人生好像没有完全准备好的时候。刚收到录用通知时，李一诺有7个月的时间做准备，她跑去向前辈寻求建议，前辈告诉她："一诺，你放心吧，你永远不会觉得你准备好了。就像开车一样，即使你读再多的书，做再多的练习，直到你坐到驾驶座开起来，你才会开车。"

麦肯锡内部有一句评价自己人的话，说招来的都是"内心有不安全感但特别优秀的人"。李一诺说："当时就觉得这总结实在太精妙了，这就是我啊。"

在她刚入职的一年里，不安的感觉一直如影随形。美国的企业文化里非常流行留语音信箱，每天工作后给领导汇报工作，以及给客户做工作进展报告都通过语音留言。经理行云流水般的语音留言，常令她自惭形秽。那时候，为了能留一条还算满意的语音留言，她经常要反复录上十来遍。

入职一年后的一次内部会上，李一诺向领导汇报数据模型进展。她准备得特别充分，面对领导的提问，虽然紧张，依然做到了对答如流。汇报完毕，她起身去洗手间，突然被因严苛而闻名的德国领导叫住，他从会议室探出头对她说："一诺，我就是想告诉你，你的工作非常出色。"

那一刻，仿佛有一束光打在她身上，给了她莫大的鼓励和力量。凭借这份力量带来的自信，李一诺从一个怯生生的新人，逐渐蜕变为游刃有余的职场精英。

给自己打100分不羞耻

在李一诺看来，每个人的成长都需要经由外界认可带来自信，逐步过渡到内在的自我认同，这是一个必经的过程。她说："要从寻求认可转变到寻求支持，不是'请问，我这样想，你看行不行'，而是'我想去的地方是那里，我想做的事是这样的，你可不可以支持我'。"

她观察到很多女性在职场上非常喜欢道歉，开口说话或邮件开头，总是先道个歉，好像那样做才更有安全感，"我可能说得不对""我这个观点可能片面"。每次遇到这样的情况，她就会提醒对方，不需要道歉，有什么观点直接说出来就好。

道歉的背后，是女性惯性的自我批评。有一次李一诺接受长江商学院的女性议题访谈，访谈提出的第一个问题就是：如果给自己的领导力打分，满分为100分，你给自己打多少分？她很干脆地回答："打满分啊，我给自己打100分。"

李一诺说："这样回答不是我自大，而是我认为这个问题不对。在问题的背后，我们更应该思考的是：身为女性，我们是不是太在乎别人的评价了？"

入职麦肯锡4年多的节点上，李一诺第一次遭遇了职业瓶颈。因为看不惯上司处理问题的方式，她萌生了离职的想法。她找到一位领导聊及此事，对方尖锐地指出："你现在是一种很典型的失败者心态，如果你走了，在别人眼里，你所不齿的那个人才是真正的成功者。"

唯一的路径就是站在更高处，争取到更大的话语权。晋升不光为了个人名利，也意味着被更多人看到，还能拥有更大的影响力，更方便推进自己的想法。李一诺说："要知道，影响力是做成一件事情极有力的资本。"

调整好心态后，李一诺准备竞争合伙人。而成为合伙人要做的第一件事就是"跑关系"——找人做自己的支持者。这本是她很不齿的行为。"有好好的时间不做业务，跑去做这些事情，姿态会不会太难看？"

李一诺花了很长时间接受这件事。她反思自己——潜意识里，我们一直被教导"是金子总会发光"，如果我的能力强、业务好，自然有人能看到我的能力，让我做合伙人。这就好像一位公主等待有人给她戴上皇冠。

而在现实生活里，靠闷头努力被人看到，很多时候是一个非常不切实际的想法。因为每个人都很忙，尤其是高层领导。言及此事，李一诺感慨道："我们做了事情，一定要学会主动表达，有一说一，不卑不亢，这本是工作该尽的职责之一。"

在通往高层的路上，另一个需要克服的就是暴露野心带来的羞耻感。分析羞耻感的来源，李一诺觉得主要是"太在乎自己了"。因为大方地说出内心的想法，自信地亮出自己的进取心，本是一件值得骄傲的事情，不需要觉得羞耻，也不必害怕被评判。

有句话令她受益匪浅："别人如何评价你，反映的是他的水平，而不是你的水平。"如果确定自己是在做对的事情，那么这一过程中姿态是否好看，别人如何看待，其实并不重要。

妈妈是最难的工作

职场上升的节奏和女性生育的时钟是相冲突的，李一诺经常会被别人问到如何平衡工作和生活。每次她都会给出简单直接的回答："平衡不了。"

她说："不要对平衡有执念，不要幻想自己像优雅的天鹅，不论在什么风浪下都可以保持平衡，那都是装给别人看的，生活说到底就是做取舍。"她的原则就是一切从自我感受出发，允许展现脆弱和真实，低落时就大哭一场。她说："这大概就是身为母亲最重要的平衡和自愈力了。"

于她而言，职场专业人士、妈妈和女性这三者没有多少交集。一个女性怎么可能在职场高效又干练，同时对孩子来讲无处不在呢？她怎么可能一方面很强大，另一方面又很温柔呢？

而这种苛刻的要求，却是大部分职场妈妈要面临的真实困境。

孩子出生后，李一诺意识到，做妈妈就是要完全放弃自己的需求，不断回应另外一个生命的需求。随时待命的状态是非常辛苦的，常令她感到力不从心，她说："趁早放弃完美主义，主动寻求帮助，对自己好一点、宽容一点、脸皮厚一点，需要帮助就立即张口。记得把自己放在生活的中心，并时刻提醒自己，这一切总会过去。"

有人曾问她："你有沮丧的时候吗？"李一诺回答："比比皆是啊！"她对舞蹈大师林怀民在《高处眼亮》中的一句话心有戚戚——"大部分的时间，都用在和自己的无力感奋斗"。

因为工作性质，李一诺经常出差。一次出差前，孩子吃着饭突然撇着小嘴哭了起来："妈妈，我不要你走，我要和你一起出差。"她一时没反应过来，略显生硬地回了一句："没有你的票啊。"孩子说："那我们去买。"她这才意识到自己的反应不对，于是抱住孩子说："你是不是不想离开妈妈？"孩子点点头，伏在她怀里大哭。那一刻她特别心酸，只好抱着他一起哭，但哭够了，依然要挥挥手，狠心道别。

"所以，哪有什么能平衡工作和生活的超人？"她无奈地摇摇头。

有一年母亲节，李一诺看到一段文字，觉得十分贴切——"从来就没有完美的妈妈、完美的房子、完美的孩子和完美的生活。有的只是真实，真实就是一个又一个妈妈，早晨醒来，看着喊她妈妈的孩子，爬起来，继续努力。"

如果你害怕失败，就不会走太远——乔布斯

黄修毅　秦旺

乔布斯是个传奇，没人能否认。天才、圣徒、纯粹、狂热、恶魔、傲慢、孤僻、暴躁……最好与最坏的词都可以套用在他身上，而不让人觉得突兀。

1955年2月24日，一个叫史蒂夫·乔布斯的男婴在美国旧金山降生，他的父母在儿子出生不到一周，就冷峻地宣告了对他的遗弃。

当这个孩子长到17岁的时候，他站在镜前，初次感受到体内闭锁的生命力，却再次意识到死亡如影随形。只是这次，他主动开口了："如果今天是生命中的最后一天，你会不会完成你今天想做的事情呢？"

连续几天，他的答案都是"不"。

此时的乔布斯对未来还毫无规划，他体内生长的只是对死亡的知觉。这一年，他在俄勒冈州波特兰的里德学院读大学一年级。只读了一个学期，因为花光了养父母的积蓄，他辍学了。

33年后，身为苹果公司CEO的乔布斯，出席斯坦福大学的毕业典礼时，忆及他的17岁。此时距离他被诊断患有胰腺癌已有两年。

后来，乔布斯的病情牵动着全球人的神经，他对死亡似乎也有了更充分的发言权。生命不是一个被死亡剥夺的过程，而是被死亡赋予的过程。"谨

记我随时可能死去，这是我所知道的避开使你失去一切的陷阱的最好方法。"

成　长

从 1976 年乔布斯创立苹果公司开始，除去中间不在位的 10 年，他执掌苹果公司仍然长达 25 年。

他声称在苹果公司干活不是为了钱，所以他领着 1 美元的年薪。在 Next 公司被收购时，他将所获的价值 150 万美元的股票以最低价出售，只留下象征性的 1 股。

"我们的目标从来就不是打败竞争对手或者挣钱，我们的目标是做尽可能不平凡的事情或者更伟大的事情。"这样的口号如果不是公司的公关标语，听上去倒更像是暴君卡利古拉发出的低吼。

1982 年，长发过耳、蓄着一抹雅皮士唇髭的乔布斯在创办苹果公司 5 年后，身价"一夜暴涨"至 1.59 亿美元，从而首次登上《时代》杂志封面。财富的急剧膨胀并未让这个青年产生心理倾斜，他对自己的扮相滞后于身份还懵然无知。

直到创立苹果公司前夕，乔布斯还延续着学生时代的邋遢作风。他在 Atari 公司工作期间，因为身上异味太重，被安排去上夜班。这个工作起来连眼皮也不抬一下的年轻人，似乎对周遭的变化表现得很无所谓。

但他不是一成不变的。他的着装逐渐形成定式，黑色上衣、天蓝色牛仔裤和灰色运动鞋成了他的"标准配置"。

功　绩

乔布斯从 1975 年出道到 2010 年，干了 35 年。最后 3 年仿佛是把 35 年的功力一掌击出。但是，乔布斯式的以自我为中心并非自我膨胀，他的老搭档斯卡利就曾说："就算你不是老大，但至少你必须装得像一个老大。"艾马尔·德维特也曾有此感觉："采访乔布斯不是件容易事，因为他一直在努力保持强势。"

通过"用户体验"的认识论奠基，在从产品研发到生产线再到市场的每一个环节，乔布斯所扮演的"产品经理"角色，将个人意志传达到公司的每一个末梢。

在一手缔造了苹果神话后，乔布斯思索过自己的历史使命。在他看来，一家成功的公司的垄断权无非是两种力量交替作用的结果：要么是新产品的研发，要么是销售业务的拓展，而后者总会因为新产品的垄断而最终谢幕。

"活着就为改变世界"

这是乔布斯最为出名的一句话，从中不难看出他的理想主义色彩，而这层理想主义在他年轻时就已形成。他是一个私生子，中学时他就知道自己的不幸身世，这导致了他内心的恐惧，却也形成了他惊人的意志力。11岁时，他就已能说服养父母搬家，只因为他不喜欢当时的居住环境。在报考大学时，他又说服养父母拿出大量金钱供其去学费昂贵的里德学院读书。

从没有办不到的事，这让乔布斯养成了心高气傲的脾性；而被抛弃的事实，又让他感到无助。他不甘心接受命运的嘲弄，而二十世纪六七十年代美国的特殊环境，为他开启了理想。

在这三重因素的影响下，他要不惜一切代价实现自己的目标。这正是他的狠劲，以至于他在管理公司时，总是显得强权、刻薄而专横。他会不顾一切地赶走胆敢挡他道的人，就算是吉尔·阿米里奥这样对他有恩、让他得以重回苹果的人，他也能痛下狠手——因为他要掌控一切。

完美主义

乔布斯的邻居都是硅谷元老——惠普公司的职员。在这些人的影响下，他从小就很迷恋电子学。而20世纪70年代末，个人计算机风潮开始在硅谷出现，于是乔布斯的精力自然完全投放到IT世界中。

但这并不影响他按照自己的方式来构建改变世界的蓝图，反而他的坚持，从一开始就让苹果有了一种超越平凡的魅力。他顽固地坚持设计要唯美，以及用户体验至上，所以，不难理解苹果的产品为何总是如此精致。

然而这种精益求精的精英意识，在20世纪80年代却并不是最有效的，当时，个人计算机乃至其他IT产品，都在走向大众市场。此时人们对标准和规模的追求，远远胜过了对个性和精致的要求。因此，就算乔布斯在1985年没有被迫离开苹果公司，他依然无法同代表了大众意识和规模经济的微软相抗衡。

乔布斯成为"神"，是因为金融危机的到来，时代已经发生了变化。

因为金融危机，"两房（联邦住房按揭贷款公司和联邦国民按揭贷款协会）"破产，雷曼兄弟公司破产，通用汽车公司也申请了破产重组，这些传统大公司的权威被打垮了。美国人自己也在思考，价廉物美的消费主义是否真的对整个社会有利。在这样的社会背景下，人们开始寻找精品和新权威。

此时，乔布斯的顽固反而赢得了大众的崇拜。苹果坚持的精品策略，让人们觉得苹果的产品不会贬值，虽然价格昂贵，但不会在短时间内被抛弃。就这样，金融危机后，全世界都在为一个电子产品——iPhone而排队，这是从未有过的现象。

从那时起，乔布斯就成为全球大众顶礼膜拜的权威，所以就算三分之二的人根本不知道iPad的用途，但这个平板产品依然上市仅两个月就卖出了200万台。

跑到终点再哭

周秋兰

　　奥运史上的许多冠军已渐渐淡出大众视野，但 1968 年的墨西哥马拉松赛的最后一名却成为奥运历史上最伟大的英雄之一。他的名字叫作约翰·史蒂芬·阿赫瓦里，他的故事至今仍感动着无数人。

　　阿赫瓦里，一个来自坦桑尼亚的马拉松选手，那年已经 30 岁。对于马拉松这项运动来说，这个年纪并不算年轻，但他的心中却燃烧着不灭的火焰。那一年，坦桑尼亚刚刚独立，这是他们第一次以国家的名义参加奥运会。阿赫瓦里，就是这个国家的代表之一。

　　墨西哥城的马拉松比赛对每位参赛者都是一场巨大的考验。因为这座城市的海拔超过 2300 米，空气稀薄，氧气含量比平地低 30%。这样的环境对运动员的体能是前所未有的挑战，尤其是当气温骤降至零下 15 摄氏度之后，许多选手都感到了巨大的压力。

　　比赛开始时，阿赫瓦里像其他选手一样充满信心。他踏上了 42 公里的赛道，心中怀着为祖国争光的信念。然而，随着比赛的进行，恶劣的环境开始对每个人产生影响。20 多分钟后，一些选手已经因不适退赛。赛道上，阿赫瓦里感到呼吸越来越困难，疲惫感不断加重，但他依然坚持向前。他明白，背后有一个新生的国家在等待他的胜利消息，这种无形的力量，推动着他不断迈出步伐。

比赛进行到 19 公里时，意外发生了。由于缺氧和过度疲劳，阿赫瓦里突然感到头晕目眩，失去了平衡，重重摔倒在地。更糟糕的是，在他摔倒的瞬间，其他选手不慎踩踏到了他的身体，导致他膝盖严重受伤，肩膀也脱臼了。那一刻，剧烈的疼痛让他几乎无法站立。

在这样的情况下，大多数选手都会选择放弃，毕竟膝盖受伤和脱臼，意味着继续比赛可能会带来长期的身体损伤。医护人员赶到后，建议他立即退出比赛并前往医院治疗。然而，阿赫瓦里却出人意料地做出了不同的决定。他拒绝了医生的建议，坚决不愿放弃比赛。

简单的包扎后，阿赫瓦里再次站了起来，尽管每一步都伴随着剧烈的疼痛，但他依然一步步向前移动。他的膝盖上缠满了绷带，血迹透过绷带渗了出来，但他没有停下脚步。他知道，自己不能在半途放弃——他必须完成这场比赛，不仅仅是为了自己，更是为了他的祖国。

比赛继续进行，越来越多的选手相继完成了比赛。埃塞俄比亚选手马莫·沃尔德第一个冲过终点，赢得了金牌，而其他选手也陆续抵达终点。

下午四点半，比赛结束，开始颁奖。五点半，颁奖仪式结束，观众陆续离场。六点半，组委会通知馆内清场。就在这时，一个令人震惊的消息传来：还有一名选手仍在赛道上坚持奔跑！那个人就是阿赫瓦里。此时，他的步伐已经极其缓慢，几乎是一瘸一拐地向前移动，然而，他的眼神却十分坚定。

体育场的灯光重新点亮，警车开始在他身后护航。已经离去的观众听闻这个消息后，纷纷返回体育场，他们不愿错过这个感人的时刻。尽管比赛已经结束，但所有人都静静地等待着阿赫瓦里的到来。他不是比赛中的赢家，但在许多人心中，他早已是无冕之王。

当夜幕降临时，阿赫瓦里终于走进了体育场。那一刻，体育场内的观众和工作人员都为他送上了最热烈的掌声。他的步伐虽然蹒跚，但每一步都充满了坚韧和信念。在全场雷鸣般的掌声中，阿赫瓦里最终冲过了终点线。

比赛结束后，一名记者问阿赫瓦里："你知道自己无法赢得比赛，为什么还要坚持到最后呢？"阿赫瓦里给出了一个简短却无比震撼的回答："我的祖国把我从7000英里之外送到这里，不是让我开始比赛，而是让我完成比赛。"

这句朴实的话语，传达了他对祖国的责任感和对体育精神的忠诚。他的坚持，不仅感动了在场的观众，也在随后的几十年里，激励了无数人。

最终，那届奥运会成绩册上记录着阿赫瓦里获得的名次：75人中的第57名，而剩下的18人全部中途退赛。阿赫瓦里并不是站在领奖台上的冠军，但他赢得了全世界的尊敬。他的名字被永久地刻在了奥运会的历史中，成为奥林匹克精神最真实的象征。

在随后的岁月里，阿赫瓦里并没有因为这场奥运会的失利而停下脚步。他继续参加比赛，1970年，阿赫瓦里再次参加了英联邦运动会，他在马拉松比赛中排名第五，并创造了职业生涯的最佳成绩——2小时15分05秒。在一万米的比赛中，他也位列第九。1976年，阿赫瓦里正式退役，但他并没有离开自己热爱的长跑事业，而是选择成为一名长跑教练，继续在跑道上传承他的精神。

阿赫瓦里的故事，就像一首激昂的赞歌，在体育的历史中久久回荡。阿赫瓦里用行动诠释了"跑到终点再哭"的含义。在他身上，我们看到了坚持的力量。成功的道路从不拥挤，因为能坚持的人太少太少。遇到再大的困难，只要不放弃，我们终将会到达那个我们梦寐以求的地方。

行动永远比计划更有意义

邱晨辉

2024 年 10 月 29 日，当宋令东站在酒泉卫星发射中心问天阁中面对众多媒体的闪光灯时，这位即将飞向太空的"90 后"航天员，依然会想起中考结束后和父亲在一起的那个下午——余晖下的少年恣意想象，如果有一双翅膀，或许能够飞去更高更远的地方。

1990 年，宋令东出生在山东菏泽，父母是地地道道的农民。在他的记忆里，父母就像沙漠里的骆驼刺，具有极强的生命力。他们从未被生活的重担压垮，用爱和勤劳撑起了这个家，也给孩子们撑起了一片天。

父亲自幼习武，练得一手好拳法，却因家庭变故回乡务农。为了让地里的棉花长势更好，夏天，父亲凌晨四五点就要下田给棉花苗掐尖。母亲为了增加家庭收入，在宋令东刚一岁半的时候就离开家，前往县城卖凉皮，有时天蒙蒙亮就骑着三轮车走街串巷。

到了春节前夕，父亲会去县城和母亲一起卖年货。于是，除夕那一天成为宋令东和姐姐一年里最期待的日子。只有那天，母亲才会早点回家，一家人才能享受难得的团圆。

有一年除夕，宋令东像往常一样早早来到村口，眼巴巴地看着村外。往常这个时候，父亲会骑着自行车，载着母亲出现。

这天，直到天色暗下来，天上飘起雪花，父母的身影仍未出现。不知不觉间，眼前的世界变得白茫茫一片，迎接新年的鞭炮声开始在耳边噼里啪啦地不断响起，少年宋令东的双腿也被冻得渐渐失去了知觉。就在这时，两个"雪人"一前一后出现在视线里——雪中，父亲扛着自行车吃力地走着，母亲深一脚浅一脚地跟在后面。原来，回家路上，他们的自行车突然坏了，耽搁了时间。

这么多年过去，这幅雪中归途的画面，仍常常在宋令东的梦境中重现。他说，正是在那一刻，自己更多地尝到了生活的艰辛，也更懂得了父母的不易。

中考结束后，宋令东随同父亲进城收废品。城市的大街小巷，留下了父子俩骑着自行车为生活而奔忙的身影。他最快乐的记忆，莫过于在一座天桥上休息时，望向远处，有一座摩天轮在空中缓缓转动。

那一刻，他想象着自己也飞向天际。

2007年，空军招收飞行学员的通知发到学校，宋令东积极报了名。当录取通知书送达家中时，大家的脸上都笑开了花，唯有母亲激动得放声大哭。从没出过远门的母亲和父亲一起，将宋令东送到了空军航空大学。

在宋令东的心里，还种着一个英雄梦。小时候，他读过一个战斗故事：一场阻击战中，一支部队被围堵在丛林中，最后只剩下一名战士。这名战士靠着对地形地貌的熟悉，顽强抵抗，多次顶住了敌人的进攻。打完最后一颗子弹，他从丛林里走了出来，敌人这才发现，原来对手只有一个人。

"这名战士像个王者一样，骄傲地站在敌人面前，身后是火红的晚霞。这个场景让我终生难忘。"宋令东说。他也梦想着当这样的英雄。

宋令东以第一名的成绩将"起落之星"收入囊中，最终成为空军航空兵某旅首位"90后"三代机飞行员。

他的微信昵称为"守望者"。飞行时，宋令东经常会看看自己飞过的地方。他觉得自己已经实现了小时候的愿望，守卫了祖国的一方蓝天。

13岁时，和同学们坐在电视机前观看完神舟五号成功发射的新闻后，宋令东无比神往。后来，翱翔在蓝天之上，他也会幻想：自己还能飞得更高一些吗？

2020年9月，宋令东正式加入中国第三批航天员队伍。

从入队到完成考核，两年多的时间里，第三批航天员要完成基础理论、体质训练、航天环境耐力与适应性训练、航天专业技术等八大类上百个训练科目。

紧锣密鼓的学习、激烈的竞争、高频的选拔考试，让每名航天员都拼尽全力。入队时，宋令东成绩突出。然而，第一次任务选拔，他却榜上无名。

"从天空到太空，一字之差，自己究竟差在哪一步？"他的心情跌入谷底。

欲"问天"，先问己。

对战斗机飞行员而言，一旦驾机升空，瞬息万变的战场上，胜负就在一念之间，"宁可一思进，莫在一思停"。

多年的飞行生涯，塑造出宋令东冲劲十足的性格特质。飞行员必须勇当"孤胆英雄"，果敢善战、先发制人、抢占先机。

而载人航天工程，是"万人一杆枪"，各分系统必须发扬齿轮咬合般的协作精神，才能形成共同托举起神舟飞天的强大力量。

作为载人航天事业最重要的一环，航天员是载人航天工程末端的落实者。执行任务过程中，再细微的操作都可能事关任务的成败，稍有不慎，就可能造成不可逆的损失。

宋令东决意改变自己。不管是在训练、工作中，还是在生活中，他都刻意让自己的节奏慢下来、稳下来，做到不骄不躁、不徐不疾。

为了磨炼心性，他还特意学习钓鱼。在这个过程中，他学会耐心等待和静心观察。

操作上，宋令东不再追求速度，而是稳中求进，各项训练成绩也稳步提升。经历乘组选拔失利后，宋令东完成了心理上的蜕变，变得更加从容和淡定。

2023 年，经全面考评，宋令东入选神舟十九号载人飞行任务乘组，成为首位飞向太空的"90 后"航天员。

指令长蔡旭哲评价宋令东："思维很灵活，个人操作能力很强，操作很规范，遇到问题能够从不同的角度分析解决。"

"在你的成长历程中，你最深刻的感受是什么？"

面对记者的提问，这位阳光开朗的"90 后"答案清晰："心之所向，一苇以航。只要有坚定的信念和持之以恒的努力，就能抵达梦想的彼岸。"

他期待着，能像小时候在家里的土地上一样，在太空种出红薯；能走出舱外，欣赏浩瀚宇宙、满目繁星，领略祖国大美河山。

你就是自己的奇迹

默　舟

在敦煌研究院召开的建院 80 周年座谈会上，"00 后"女孩钟芳蓉作为青年代表发言。2020 年，她因为选择报考北大考古学专业而引发热议。从北大毕业后，她追随自己的偶像——"敦煌的女儿"樊锦诗的脚步，从未名湖畔来到风沙漫天的敦煌莫高窟工作，成为新一代敦煌守护人。

偶像引路，"热搜女孩"学考古

2002 年，钟芳蓉出生于湖南耒阳一个农民家庭，父母常年外出打工，将她留在家乡与爷爷奶奶相依为命。

钟芳蓉临近小学毕业时，村办学校因经营不善关停了。无奈之下，她独自来到离家几十公里的市区上学。钟芳蓉知道，父母为了供她上这所收费不菲的私立学校，在异乡加班加点地工作，所以她学习特别刻苦。

2020 年，成绩优异的钟芳蓉就要参加高考了。亲友们纷纷询问，想知道这个出了名的学霸准备报考什么大学和专业。钟芳蓉均微笑着回应："等成绩出来再说吧。"

高考成绩公布后，钟芳蓉以 676 分的傲人成绩，位列湖南省文科第四名。

在外打工的父母闻知喜讯，急忙请假坐火车赶回家乡，按当地习俗给女儿办了升学宴。就在父母沉浸在自豪和喜悦中时，他们得知钟芳蓉报考了北京大学的考古学专业。前来贺喜的亲友们质疑："怎么能念那么冷门的专业？"此事迅速在当地传开，还蔓延到了网络上，有人吐槽钟芳蓉"选择了这么个冷门专业，算是把一手好牌打烂了"。

面对汹涌的舆论，刚满18岁的钟芳蓉向父母解释说："自从看了《我心归处是敦煌：樊锦诗自述》这本书，我就决定要报考古学专业。樊锦诗被称为'敦煌的女儿'，她也毕业于北大考古学专业，但为了守护莫高窟里的那些国宝，她宁愿放弃大城市里的工作和生活，一生扎根大漠……"

敦煌研究院名誉院长樊锦诗是钟芳蓉的偶像。喜欢历史的钟芳蓉，也想像樊锦诗那样，为国家的考古事业做贡献。

面对当地电视台的采访，钟芳蓉笃定地回答："我之所以报考北大考古学专业，主要是因为喜欢历史，并且想沿着樊锦诗院长的脚步前进——投身于孤独又厚重的考古工作，为煌煌历史和悠悠文化贡献自己的一生。这样的人生，我觉得更有意义。"

随后，"北大考古女孩"钟芳蓉登上了热搜榜，她的选择成为大家讨论的热点。让钟芳蓉感到欣慰的是，一些考古工作者和考古系的大学生，纷纷在网上声援她，说她能顶着嘲讽和热议，毫不动摇地择己所爱，很了不起。

"高薪的白领工作要有人去做，发掘文物的工作也要有人干，请坚持走下去！"一名参加过三星堆发掘的考古工作者，给钟芳蓉写了一封鼓励信，还随信附上了小礼物。

不仅如此，在此后的一个月里，钟芳蓉陆陆续续收到了多达50斤重的礼物，它们来自中国的半个考古圈。敦煌研究院名誉院长樊锦诗送给钟芳蓉一本《我心归处是敦煌：樊锦诗自述》，在扉页上，樊院长亲笔给钟芳蓉写了寄语：

"不忘初心，坚守自己的理想，静下心来好好念书。"来自前辈们的热情鼓励，把钟芳蓉感动哭了。

历经磨砺，孤身走进大漠深处

进入北京大学后，钟芳蓉用心学习专业知识，跟随老师前往各地调查考古遗址。课余时间，她还坚持勤工俭学，以减轻家人的负担，锻炼自己的生存能力。

钟芳蓉在大学期间积极参与各种考古实践活动，先后在河北阳原泥河湾遗址、陕西周原国际考古研究基地、四川广汉三星堆遗址参与实习，并参与录制了中央广播电视总台推出的考古空间探秘类文化节目《中国考古大会》。

考古人员的工作环境差，活儿也很累。钟芳蓉实习期间，经常和老师同学们一起到野外探测，一旦确定了文物的出土地点，就要在荒野之地进行清理工作。文物往往是跟尸骨在一起的，起初钟芳蓉也害怕，尤其有时候需要晚上去现场加班，抢救性发掘那些被盗的古墓。但钟芳蓉对于历史和考古的热爱，并没有因此而减弱。越了解考古学，她越觉得这一行很有意思。

从北大毕业时，她作为学生代表登台发言："难忘彼时，我们在遗址发掘现场日复一日的工作中，有所发现时的惊喜；难忘深夜在灯光下，我们并肩整理资料时的亲切……那些挑战和回忆让我们变得更默契，也让我有了发挥专业特长的底气……"

2024年6月下旬，钟芳蓉参加了敦煌研究院的招聘考试，以第一名的成绩，被敦煌研究院石窟考古岗位录取。

随后，北大官方微信公众号发布了《去敦煌！北大钟芳蓉，祝福你！》一文，文中讲述了钟芳蓉学习考古的心路历程，并透露她从事的工作是编写考古报告。

7月中旬，钟芳蓉独自拖着一个大行李箱，从繁华的北京来到甘肃敦煌。莫高窟位于敦煌市区东南25公里处的鸣沙山东麓断崖上，这一带曾是古丝绸之路上的重要节点，见证过无数商旅的往来与不同文明的交融。

钟芳蓉赶来时正值黄昏，最后一班满载游客的大巴车已经离开莫高窟返回敦煌市，白日的喧嚣渐渐散去，莫高窟再次安静了下来。在城市中久居的人们会对此处的寂静感到吃惊：广袤无垠的大漠中，只剩下轻风吹过白杨树树梢发出的沙沙声响……把自己"扔"进了大漠深处的钟芳蓉，丝毫不觉得孤独，因为她身边有热心的同事，眼前有堪称千年艺术瑰宝的莫高窟。

"我们的文明青春正好"

钟芳蓉工作的敦煌研究院，是负责敦煌莫高窟、天水麦积山石窟、瓜州榆林窟、永靖炳灵寺石窟等石窟保护工作的国家重点文物保护单位。研究院就位于莫高窟景区内。"虽然这里风沙很大，气候干燥，我经常会流鼻血，但在这儿工作的好处也有很多，比如，我可以经常免费逛莫高窟。"钟芳蓉笑着说。为了给莫高窟中的塑像、壁画等拍照，她经常沿着山崖栈道爬上爬下，把自己弄得灰头土脸。夜深人静的敦煌研究院里，只有风吹沙走的声响。在宿舍里埋头整理石窟资料的钟芳蓉很喜欢这种远离喧嚣的环境，天地广袤，心无旁骛。她说搞考古研究要"甘于坐冷板凳，肯拿出几年、几十年的时间去埋头深耕，才能在某一个领域有所建树"。钟芳蓉愿意向偶像樊锦诗院长看齐，把自己的一生都奉献给敦煌。

近些年，有不少像钟芳蓉这样的年轻工作者，走进了敦煌研究院。作为这里的新生代，"传好守护国宝的接力棒"是钟芳蓉和年轻同事们的愿望，"择一事，终一生"则是他们共同的信念。

敦煌研究院召开建院80周年座谈会，24岁的钟芳蓉作为青年代表发言：

"前辈们为我们的研究工作打下了坚实的基础，让我们能够站在巨人的肩膀上继续前行。我会以前辈们为榜样，用实际行动来践行和弘扬莫高精神！"

2024年9月28日，《人民日报》新媒体推出特别策划"追光演讲"，扎根莫高窟60多年的樊锦诗在演讲中分享了她的青春故事：从青丝到白发，从未明湖畔到西北大漠，数十年如一日，始终用心守护着莫高窟这座艺术宝库。"北大考古女孩"钟芳蓉也在视频里出镜，与樊院长一起演绎青春的赓续。

最快的脚步是坚持

牛志远　喻思南

2024 年 6 月 24 日，当薛其坤荣获 2023 年度国家最高科学技术奖时，人们关注到他身上的"优越点"——年龄，他未满 61 岁。从 2000 年颁发国家最高科学技术奖开始，直到 2024 年之前，获奖人在获奖时的平均年龄大约是 83 岁。薛其坤未满 61 岁就获此殊荣，实属"年轻"。人们认为他是一个天才，可在薛其坤看来，真正天赋异禀的人寥寥无几。攀登科学的顶峰，是关关难过关关过，薛其坤深知自己只是那个日夜兼程的赶路人。

考了两次 39 分

1963 年 12 月，薛其坤出生在山东省蒙阴县。这里地处沂蒙山区腹地，独特的岱崮地貌赋予这里山岭纵横的秀丽风光，也让这里经历了长时间的贫穷。薛其坤是看着父母起早贪黑干农活的背影长大的。那时，他的课桌是劈开的树桩，连凳子都需要自己带。

在堂兄弟的记忆中，儿时的薛其坤对待学习总是很执着。吃饭时想到搞不懂的问题，他就放下碗筷到一边想，直到完全弄懂才继续吃。恢复高考后的第三年，薛其坤走进了高考考场，物理满分 100 分，他考了 99 分。这个普普通通的农家子弟被山东大学光学系激光专业录取，由此得以走出沂蒙山区。

1984 年，薛其坤大学毕业，怀着对科研的向往，他决定报考研究生。然而，第一年考研，他的高等数学只得了 39 分。他毫不犹豫地选择"再战"，这一次大学物理只得了 39 分。两次 39 分的打击足以让普通人退缩，但从小苦到大的薛其坤不一样。相反，薛其坤意识到自己在基础知识上有欠缺，他将连续失败视作筑牢基础的好机会。1987 年，薛其坤"三战"终于成功，进入中国科学院物理研究所学习。

在这里，他的研究方向是凝聚态物理。这是一门研究凝聚态物质的物理性质与微观结构以及它们之间关系的学科，而场离子显微镜就是进入微观世界的眼睛。在导师陆华的带领下，薛其坤每天至少要试做 3 个场离子显微镜的样品针尖。几年下来，他做了 1000 多个针尖，"手艺"已臻化境。不过，薛其坤没有得出一套像样的数据以供他写一篇毕业论文。"因为当时的仪器设备经常出问题，我在物理所修了 4 年的仪器。"

1992 年，薛其坤在导师的推荐下，作为中日联合培养的博士生，前往日本东北大学攻读博士学位。日方的联合培养导师是樱井利夫，在樱井利夫的实验室，薛其坤经受了严峻的考验。

首先，是作息。樱井利夫的实验室被称为"7—11 实验室"：每周 6 天，早上 7 点需到达实验室，晚上 11 点之前不允许离开。困意袭来时，为了使自己能头脑清醒地学习，薛其坤就拧自己的腿。实在顶不住了，他就跑到卫生间，坐在马桶上打一个盹，打盹的时间不能太长，怕被别人发现。

其次，是语言。因为不懂日语，英语听力又不好，薛其坤起初几乎听不懂老师们的指令。当老师们带着其他学生一起做实验的时候，他连碰都不敢碰，只能怔怔地看着。老师们也看不上这个语言不通的学生，薛其坤能察觉到老师们对他的不信任。

背井离乡、工作高压、语言不通、不受待见……这让薛其坤产生了前所未有的挫败感，但薛其坤坚持了下来。他说，自己是在沂蒙山区长大的孩子——皮实。皮实的薛其坤心里憋着一股劲：要做出一个像样的科研成果，给自己，也给推荐自己出国的导师一个交代。为了这个目标，薛其坤每天只做三件事：吃饭、睡觉、做科研。

一开始，薛其坤做的是"粗活"。实验室的扫描隧道显微镜要求针尖既精细又稳定，购买的针尖总是不好用，薛其坤在做场离子显微镜研究时掌握的"绝活"就派上了用场。很快，整个实验室都知道，他是制备针尖水平最高的学生。

在这样严苛的工作环境下，接到第一个课题后一年半，薛其坤就取得了一个重要突破，这也是樱井实验室 30 年来最大的成果之一。就这样，薛其坤成了樱井实验室当之无愧的科研骨干。

博士毕业后，薛其坤先后在日本东北大学金属材料研究所和美国北卡罗来纳州立大学物理系工作。但国外的职位并没有让他安心，因为他看到了中国与发达国家还有巨大的差距，薛其坤更加想回到祖国，"帮助国家做一点事"。

山顶上的樱桃

1994 年，中国科学院启动"百人计划"，朱日祥、曹健林、卢柯等 14 位杰出青年科学家率先回到祖国。1998 年，在材料科学领域已颇有名气的薛其坤也入选该计划，回国进入中国科学院物理研究所工作。

2005 年，薛其坤调入清华大学物理系任职，当年年底，42 岁的他当选为中国科学院院士。不久后，他将目光投向了物理学的一个前沿方向：拓扑量子物态。

1988 年，美国的霍尔丹教授提出假设：电子在兼具自发磁化和电子态特殊拓扑结构状态下，有可能在不外加磁场的情况下产生量子霍尔效应。这就是量子反常霍尔效应。多年来，量子反常霍尔效应让各国物理学家魂牵梦萦，却没人能证明它的真实存在。2005年，一种新的概念——二维拓扑绝缘体概念被提出。科学家认为，在二维拓扑绝缘体薄膜中引入铁磁性，理论上有可能实现量子反常霍尔效应。

薛其坤十分敏锐地觉察到了这个新领域，觉得这是一个重大科研机遇，他的这种敏锐，也就是物理学家杨振宁常常提及的"学术品位"。2008年，利用分子束外延等技术，薛其坤研究团队研制出了国际最高质量的拓扑绝缘体样品。2009年起，薛其坤团队开始对量子反常霍尔效应进行实验攻关。

一开始并不顺利，团队遭遇了一年多的瓶颈期，实验毫无进展，许多博士生都觉得干不下去了。关键时刻，薛其坤说了一番话："我们现在从事的实验工作是非常重要的，你们很可能发现到目前为止还没有人看到过的东西。要是看到了，这一辈子都值了；要是看不到，你们也能从中得到历练，加速成长很多。"这番话让团队成员重整旗鼓。光有激情还不够，勇闯"无人区"还要做好一次次面对失败的准备。实验的要求十分苛刻：必须做出极其平整的拓扑绝缘体，表面凹凸1纳米都不行。四年多的时间里，这种精细到苛刻的样品，薛其坤团队前后制备了1000多个。

奇迹出现在2012年10月12日晚上10时35分。薛其坤收到学生常翠祖发来的一条短信："薛老师，量子反常霍尔效应出来了，等待详细测量。"薛其坤不太敢相信自己的眼睛，立即打电话再三确认情况。可以确定的是，量子反常霍尔效应的迹象已经出现。

但严谨的科学精神告诉薛其坤，一次结果不能说明问题，需要用不同的样品多次重复实验。薛其坤团队又进行了两个月的集中测试和不断钻研。大功告成的那天是2012年12月16日，他们用一组十分漂亮干净的数据，观测到了量子反常霍尔效应。

2013 年 4 月 10 日，量子反常霍尔效应成果发布会在清华大学举行，杨振宁对此予以高度评价："从中国实验室里第一次发表出了诺贝尔物理学奖级别的论文，这是整个国家发展中的喜事。"

成果发布后，薛其坤团队受到曾经领先的部分国际同行对实验数据真实性的质疑。直到一年半后，日本和美国的两所国际著名高校研究团队相继复现了这一实验结果，证明了实验的可靠性，质疑才烟消云散。此时，全世界的科学家纷纷对薛其坤团队的成果表达了高度赞赏。薛其坤说："让他们信服中国的科学进展、见证中国的科学发展，是我作为一名科学家最朴素的职责。"

薛其坤将这次科研比作看到"山顶上的樱桃"，那一年他不满 50 岁。他不常提及困难，而是常常说起感谢。他说自己是个幸运儿，"一艘从沂蒙山区驶出的小船"，乘着改革开放的春风，上了大学，赶上了科学的春天，最终取得了"从 0 到 1"的突破，"没有国家的强大、经济的发展，这个实验是做不成的"。

慈 与 严

薛其坤也是一名教育工作者。他 2005 年起任清华大学物理系教授，2013 年担任清华大学科研副校长，2020 年担任南方科技大学校长。近 20 年的教育工作让他桃李满园，跟着他读完博士、博士后的学生有 120 多名。薛其坤对此感到很骄傲，笑着说他们都能组成"一个连"了。

在学生眼里，慈与严这两种特质在薛其坤身上奇妙地融合在一起，构成独一无二的薛教授。清华大学物理系教授王亚愚回忆："去国外开会，薛老师会拿自己的钱给学生发零花钱。他手里存不住东西，经常是哪个学生夸他的东西好，他就当场送给人家。"薛其坤的办公桌上，有时放着饼干，有时放着牛奶或面包。如果有学生做实验到深夜，他会一声不吭地跑到实验室发小零食。

生活中的薛其坤有着山东人朴实的特质。见到学生时，他总是笑眯眯的，是那种"咧开嘴，高兴到心里的笑"。他一说话，山东口音浓厚，说英语也带着口音。他把做实验比喻成骑自行车。刚开始学，没有成就感；等你学会了，骑自行车的速度快了，就会觉得很愉快。他也用骑自行车的标准来要求学生："你要把仪器熟练掌握得像每天骑的自行车一样，听到链条响了就知道该给它上油，链子断了你要会修理，让仪器始终以一种完美的状态运行。"

在薛其坤的学生中间，有一个故事口口相传，故事里的薛其坤罕见地红了眼眶。那一次，薛其坤像往常一样来到实验室，碰到一名学生没有盯着实验，而是在电脑上浏览无关的网页，顿时火冒三丈，严厉地批评道："你们现在拥有这么好的实验条件，却不知珍惜，这不只是在浪费自己的时间，也是在浪费科研资源！"说到激动处，薛其坤眼含热泪。

在严慈相济的培养下，薛其坤带领的团队成员和培养的学生中，除了"一个连"的博士和博士后，还有1人当选中国科学院院士，30余人次入选国家级人才计划。薛其坤发现，学生们在当了老师、有了自己的实验室后，又自觉地把当年对他"颇有微词"的那套传统传承了下去。

2024年7月4日，在南方科技大学2024届本科生毕业典礼上，两名毕业生送给薛其坤一个南方科技大学足球队签名的足球，表示要和薛校长"切磋球艺"。薛其坤捧着足球站在学生中间，依然带着那种"咧开嘴，高兴到心里的笑"。

他不止一次提到自己对于当下状态的享受。"我非常喜欢我的工作，不管是带学生做科学研究，还是管理好一所大学，只要身体允许，我还是希望把更多的时间放在自己喜欢的工作上。我经常自嘲，生命不息，奋斗不止，我很享受。"

这艘从沂蒙山区驶出的"小船"，仍然在路上。

你的自律终会让人望尘莫及

林陌桑

一

我曾无数次驻足，仰望那两座高山，眼神里既有恐惧，又有期待。艺考和高考，它们是我人生路上不得不翻越的障碍。但我从未想过，有朝一日自己真的会站在山顶，俯瞰远处的风景。

我的生命里很少有"放弃"这个词，但理科一直是我学习的弱项，无论我怎么努力听课、做题，它们对我仍是不屑一顾。而艺术对我的吸引力一直不曾减弱，在理想与现实的拉锯战中，我毫不犹豫地选择了艺术。

那并不是一条轻松的路。我没有任何艺术基础，而我的文化课成绩并不差，所有人都不理解我为什么要在高考前浪费半年多的时间，去走一条所谓的"歪路"。毕竟，在他们看来，艺考只是学习成绩不好的学生为了考上大学，在被逼无奈之下才走的一条"捷径"。

然而，他们都错了，这不是一条捷径，于我而言，这也不是浪费时间。

二

十六岁的我独自去长沙学习艺术专业，在此之前，我从未离开过家乡的那座县城。培训班的学费不菲，父亲更是直白地告诉我，他挪用了原本要给我上大学用的钱，如果我的文化课成绩有退步，或者最后考不上名校，大学学费便要我自己解决。在奔驰的火车上，我看着那条短信默默流泪，暗自下定了决心。

在长沙的两个月里，我要学习的科目并不比高考的少：即兴评述、面试技巧、影片分析、才艺表演……所有写作课程我都能得最高分，但艺术需要开放，对于生性羞涩的我而言，所有需要面试和口才的科目，都是莫大的挑战。为了克服心理障碍，我一遍遍对着镜子练习自我介绍，在模拟面试的时候，也不断给自己进行心理暗示：那些看着我的人都是白菜。

我在凌晨一两点关上教室的灯，月光从落地窗外投过来影影绰绰的轮廓。清晨六点，我迎着朝阳，打开教室的门，在形体训练中开始一天的学习。

付出终有回报，在培训班所有同级学员中，我很快成为佼佼者。因为我的文化课成绩好，老师也更加看重我。

大年初五，我在火车上颠簸了二十七个小时后，终于抵达北京。没有时间游览风景名胜，我马不停蹄地奔赴各个考场，忙着应付考试和考官的"刁难"。

那一年的那段时间，北京的雪下得特别大，生于南方的我水土不服，从没停过流鼻血，手脚都被冻出冻疮，一暖和就痒得发痛。考试最密集的时候，上午在北京电影学院考完"影片分析"的科目，下午两点就要去中国传媒大学面试。我急匆匆地坐上地铁，连一个热包子都来不及买，面试的时候，考官听到我肚子里发出的声音，开玩笑说我"真是个活跃的人"。

北京电影学院戏剧影视文学专业初试结果出来的那天，我正发着高烧，从东三环坐了一个小时的地铁去看榜，撑着滚烫的眼皮在榜上查看数遍，也没有看到自己的考号。

那个专业是我学习艺术、独自去北京的唯一理由，我却没有想到自己连初试都没有通过。雪一片一片钻进我的脖子，让我从皮肤冷到心脏。我默默地转身离开，北京的寒风如冷锐锋刃，我眼睛发干，却没有眼泪。

那一年，北京电影学院的校园里到处挂着大红横幅：北电，梦开始的地方。我绝望地想，那里明明是我的梦被埋葬的地方。

父亲打来电话询问结果，我终归没忍住，声音里带着哭腔。他沉默许久，就在我以为地铁里信号不好，准备挂掉电话时，一向反对我的他却说："没关系，尽力就好，还有其他学校和机会，不要气馁。"

那一刻，一路走来，哪怕面对再多困难也从未在意的我，在人群熙攘的北京地铁里失声痛哭起来。我知道，这是一条过于艰险的路，如果被暂时的失败打倒，我将彻底失去所有的机会。

元宵节，我去中国传媒大学参加第二轮笔试。我驻足于天桥，看着远处次第绽放的绚烂烟花，胃里暖暖的，装的是刚刚吃下的汤圆。当最亮、最大的一朵烟花在头顶盛开时，我默默许愿，希望一切努力会有好结果，在纸上写下这样一句话："我仰望星空，想成为夜空中最亮的那颗星，但我明白必须脚踏实地，一步一步往上攀登。"

在那短短半年间，我辗转于家乡的小城、长沙、北京和南京之间。最终，我拿到了北京大学、南京大学等各大名校的合格证。我的编导统考成绩排在全省前五十名，所有认可该成绩的学校都任我挑选。

在这期间，我回学校参加了一次期末考试。没有参加第一、第二轮复习的我，拿了全班第二、全校第六的名次。彼时，所有人都对我刮目相看，再也没有人说我学习艺术是青春里的荒唐事。

三

四月一过，格外炎热的天气便开始发威。春夏之交的午间，暖风熏人欲睡，卷子上的试题变成重影两三行，"沙沙沙"的写字声催眠功力满满。没有经历过第一、第二轮复习的我，即便功底再好，也难免掉队。

于是，在老师的复习计划之外，我又为自己制订了每两周重点复习一门功课的计划，除了永远对我青睐有加的语文。高三整整一年，我每天只睡五个小时。后来我才发现，当一个人将命运孤注一掷时，是感觉不到疲倦的。我知道，我已拥有的的确让很多人艳羡，但我最终要去的是更远的地方，除非竭尽全力，否则无法抵达。

然而，在无数个燥热的夜里，我匆匆打开水龙头，掬一捧清水洗脸的时候，总会有眼泪悄悄溢出，那种如同被千万只小虫啃噬的焦躁、彷徨和担心，瞬间呼啸而来，几乎要将我击垮。

太多人在中途放弃，或者在最初就看穿了它的艰难困苦，而我怀着一腔勇气，希望自己是坚持到最后的那一个，沉默，却有无穷的力量。

高考结束那天，夕阳无比盛大，霞光绚烂，仿佛一匹美得令人惊艳的锦。公交车行驶在回家的路上，我像往常一样坐在最后一排，看着金色的夕阳穿过路旁的树影，在车里洒下一片片光晕。我向它微笑，向所有存在或不存在的观众致告别礼。

一切都要结束了。

最终，我以文化专业课第一名的成绩被南京大学戏剧影视文学专业录取。这个专业才是我真正想学的，是的，我顶着压力，放弃了其他学校。

如今我已毕业，回首过往，当写下这些闪闪发亮的回忆时我才知道，当初翻越过的那两座高峰，原来只是我人生不断攀登的开始。过程遍布荆棘，狼狈脱力，无人理解，看似不自量力，但每一次在我越过山丘后，我都会发现有人在我最终抵达时，伸出手来拉我一把，对我微笑着说道："我等你好久了。"

那是我人生每一段旅程里，更好的自己。

勇敢的人，是含着泪继续奔跑

韩大爷的杂货铺

一

读中学的时候，我有一段时间寄宿在数学老师家里。

我的数学成绩中等偏上，但相比于其他科目，明显是短板。享受不到由擅长科目带来的掌控感，又屡屡得不到正反馈，以致我对数学兴趣寥寥，甚至偶尔扫一眼数学书的封面都头疼，恨不得将其埋掉。

可是越不接触越生疏，久而久之，我的数学成绩也越来越惨不忍睹。把我从这个恶性循环里拽出来的，是数学老师。他并没有用什么奇特的方法，也不曾鞭策我挑灯夜战，只是在茶余饭后，将下巴往家中小黑板的方向一摆，并以轻松的口吻对我说："来呗，看两道题呗。"

我朝小黑板望过去，题目早已抄在上面。他并不要求我上去做，只需坐在原位与他谈谈自己对这两道题的想法，一道题说三五句即可，全程下来用不了十分钟。一天两道题，一个学期过去，我的数学成绩上升到年级第一。

多年后每每回想起这段经历，我都会由衷感慨数学老师的高妙。他从未跟我讲过学习数学的重要性，黑板上的题也是从教科书上抄来的，但他最大限度地缩短了我与数学的心理距离。

每天听到他的召唤："来呗，看两道题呗。"我丝毫没有抵触情绪——不用去拿书，也说好了看看就行，那就看呗；两道题又不多，看完之后又不用做，那就说呗。过程中不觉得有什么奇特，事后对比一番才发现，老师帮我摘掉了许多东西。

看见书就头疼的条件反射没有了，翻书时心想"要学数学了"的沉重感也彻底不见了。

他直击问题的本质，甩掉了整个"努力流水线"上的大半环节，将所有过程简化为"看两道题＋思考一下＋日积月累＝取得好成绩"的公式。在这个公式里，我连生发反感的缝隙都没有，甚至从未觉察到自己在努力。

自那以后，数学再也没有困扰过我。类似的事情还发生在我学习英语的过程中。

二

高中时背英语单词，只能将一些简单的单词记到烂熟，稍微复杂点的单词就怎么也记不住了。老师建议我把那些记不下的单词抄写下来，贴到自己常能看见的地方。我对这番老生常谈抱有怀疑，心想那些单词放在书上都记不下来，怎么抄在纸上就记得住了？还四处贴，明显是自欺欺人。

病急乱投医，我还是照做了：将所有记不牢的单词抄满了七八张纸，贴在了寝室床位旁边的墙上和上铺的床板底下，可谓翻身即单词，睁眼即单词。两三个月下来，有一天同学测试我单词，我发现那些自己久攻不下的单词，早已记下了十之七八。

我特地问英语老师这是什么道理，她笑答："很简单啊，记单词就是要提高见到它们的频率。从表面上看，你把单词抄在纸上和你翻书相比，花的力气都差不多，但是它帮你省下的，是心理上的力气。"

　　的确，一看到单词书我就会感到心累，觉得自己在逆着劲儿用功。但把单词贴在随处可见的地方，打眼一看就相当于直接进入了记忆环节。

　　原来，英语老师和数学老师做的事情一样：大幅度压缩努力流程里的仪式环节，最大限度地缩短了我与障碍之间的心理距离。

三

　　仪式感是个好东西，但放在努力这件事上，会蚕食掉人的行动力，因为它会不断地提醒你：你即将努力了，即将遭罪了；你在用力，在受苦。它在你对困难的想象中注射进了很多虚高的成分，让你还未出发，便顿感疲惫。而缩短与困难的心理距离，让你觉得一切就是那么自然而然，直接做就行，还来不及上演内心戏便已上路，越走越顺畅，就像靠惯性。

　　常有读者向我抱怨，工作后才发现阅读的重要性，但青春不再，想读也读不进去了。还有朋友问我：如何才能养成阅读的习惯，摆脱"买书一大堆，半年一层灰"的尴尬处境？其实方法很简单，同样是缩短你跟书之间的心理距离。

　　很多人喜欢将书"供养"起来，摆在高高的架子上，哪天想做一回"文化人"，就煞有介事地取下一册，从序言开始读，刚读三五页，就叹一声"太累了"，然后把书放回去，进而要么对书，要么对自己，愈发嫌弃。

　　如果你去看看那些真正将阅读内化成一种生活方式的人，就会发现，他们对书远没有如此"敬重"，家里往往是东一本西一本，随手可拿，随处可取。

　　比形式更奏效的，是心理。那些养成阅读习惯的人，在内心只把阅读当作一种与优秀朋友畅聊一番的机会。所以他们根本不拘泥于形式，今天和叔本华聊聊，聊到某个话题有疑惑，明天拿着这个话题再去找尼采聊两句。

　　这二者的不同之处，可以用两句日常话总结，一句是："哎，我要读书了，我要读书了！"另一句是："今天跟哪位先生说说话呢？"两相比较，判若云泥。

四

所谓的克服困难，提高行动力，其实有一项工作常被忽视，需要我们重视起来，即修改对自己下的指令。

人的说话方式会极大地影响自己的思考方式。所有人都知道要提升、要进步、要努力，关键在于如何把这些指令下达给自己。

昨天你信誓旦旦要求自己：从明天起，为了健身、为了成为更好的自己，每天跑三千米。结果今天只跑了三百米，于是对自己厌恶至极，明天勉强跑了一百米，后天干脆放弃。

但换一种方式就很容易坚持下来，就像你父亲在你小时候做的那样，他隔三岔五就拉上你："走，跟爸爸跑两圈去。"

你不知道自己在坚持，也无须每天都打鸡血下决心，你不再纠结于到底是报班还是找健身教练，但不知不觉已跑了很远很远，因为你随时都能看见：跑鞋就在那里。

前几日，与朋友在网上聊天，他正在加班，又不想下线，拖拖拉拉愣是不肯工作，说是一想到要把那么一大摊任务完成才能回家，就很糟心。我说我有事离开十分钟，你先看十分钟工作材料，待会儿我再找你。十分钟后，他发来一条信息："今天先不说啦！我发现自己看了几分钟材料之后，突然有了干劲儿。"

贰

夜色难免黑凉，
前行必有曙光

高职毕业，我在清华当老师

张 茜 苏菁菁

邢小颖到现在都没搞清楚自己为啥火了。

实践课程是高校学生培养计划的重要教学环节之一。作为清华大学基础工业训练中心的实践课教师，邢小颖上铸造课的短视频曾获得百万点赞量。

28 岁的邢小颖对这突如其来的关注深感"意外"，她有些纳闷："是因为我讲课的方式，还是大家对实践课感兴趣？"

邢小颖的同事，也就是短视频的发布者高党寻，也是该中心的一名实践课教师。提及邢小颖的走红，他认为，或许是因为她讲课时身上散发出的那种特别富有感染力的激情。

高党寻说，邢小颖其实不是特例，在他们周围，不少实践课教师都在用自己的方式让实践课变得更加有吸引力。

高党寻、邢小颖，以及该中心的其他实践课教师有很多都毕业于职业院校，他们所讲授的实践课，是大学理论课的有效补充。

邢小颖理解，她和同事工作的价值，是帮助高等学府的学子们丰富动手实践经验，他们是在为培养卓越工程师、拔尖创新型人才和复合型人才而努力。她说："学生们以后很可能不会去一线操作，但如果他们了解一线是怎么生产的，比如机床如何使用、发动机如何成型，就会在设计时更得心应手。"

焊接工种指导教师周冰科和邢小颖一样，都是从职业技术学院毕业后，进入清华大学基础工业训练中心工作的。有人问，作为职业院校的毕业生，来指导清华大学的本科生，会感到心虚吗？

"其实今天课后就有同学问我是不是清华毕业的，我很从容地告诉他，我不是，我是从一所高职院校毕业的。"周冰科说，"因为这门课，就是需要我们这些毕业于职业院校的人来教，我们有一定的实践经验和技术，也有一定的理论基础，符合目前教学活动的需要。"

激情源于热爱，"双向奔赴"特别美好

邢小颖在短视频平台上最受关注的一节课，讲的是手工两箱造型，属于砂型铸造的技法之一。有人评论说："这是我在这个平台上唯一从头到尾听进去的课。"

视频里，邢小颖扎着低马尾辫，身前是堆满黑色粉末的操作台，她拿起沉重的方形模具，嘴里大喊着操作要点，讲到重点还时不时举起被涂黑了的双手来回晃动。

她并不在乎形象是否优雅，只在意坐在自己面前的清华本科生们，到底能不能听见自己说的话，有没有掌握这项铸造技巧的精髓。

她说："我们上实践课，通常都是好几组学生同时进行，一组 20 人左右。其实，现场环境还是比较嘈杂的，我生怕学生听不清，每次都喊着说话，有时候嗓子都喊哑了。"

学生当然也能感受到邢小颖的用心，常提醒她："老师，你小点声吧，你嗓子哑了，我们心疼。"

邢小颖一听学生这话，全身就跟充了电一样，讲课的劲头更足了。她把

自己和学生的这种彼此体恤的情感，称为"双向奔赴"。她美滋滋地说："这种'双向奔赴'的情感特别美好。"

也因此，邢小颖特别热爱自己这个平凡的岗位。

周冰科也非常认同自己工作的意义，并且同样很受学生欢迎。

他负责成形制造实验室焊接工种的实践教学和创新教学，主要参与两门课，一门是清华大学部分工科生的必修课——金属工艺实习课中的"焊接"单元，另一门是制造工程体验课中的"智能交互艺术风装饰台灯"单元。他说："智能交互艺术风装饰台灯课不限制学生的学科背景。2021年秋季，这节课还吸引了来自法学院、美术学院、医学院等院系的110名学生。"

在清华大学基础工业训练中心举办的2021年实践教学讲课比赛中，周冰科和邢小颖都获得了一等奖。

虽然在某种意义上，他们已经在本科实践教学领域中做出了一些成绩，但周冰科不想用"励志"来定义自己："我比较看重自己对工作的信念和做人的态度。我只是做了自己的本职工作，实事求是。"

不论起点高低，努力就有"底气"

其实，刚从学校毕业时，邢小颖和周冰科讲实践课是非常紧张的，但现在，他们已经可以从容地面对顶尖大学的学生提出的实践问题了。这对于邢小颖等人来说并非易事。

邢小颖说，必须不断努力，才有站在清华上课的"底气"。不高的第一学历和来自农村的身份，都不能成为她向上生长的阻力。被问及受到质疑怎么办时，她的声音高起来，迸发出一股英雄不问出处的豪情。

她说："我是高职院校毕业的，那又怎么样呢？我可以继续学！我身边有很多榜样，他们激励了我。我一工作就报考了中国地质大学的在职本科，现在取得了本科学历。为了提升专业水平，我努力考取了工程师资格；怕自己不是师范院校毕业，讲课不行，我又考取了教师资格证……我的起点是不高，但我可以一直进步！"

邢小颖身上这种蓬勃向上的力量来自父亲对她的影响。她觉得，父亲虽然一辈子都生活在陕西渭南的农村里，但格局并不小，而且身上有种"越挫越勇"的劲儿。

"我小时候，最开始我们家只是种地，后来父亲带着我们村好几户人家搞大棚种植，失败了，他也不放弃，又去创业。他和我妈两个人，不管刮风下雨，每天去集市上卖布匹。慢慢地，家里的情况好转了，盖了房，买了车，现在有了自己的床上用品店。"邢小颖说，"我爸传授给我的理念就是，失败了又怎么样呢？还可以再来呀！没考好又怎么样呢？还可以再考呀！考上好大学当然很好，没考上，也总能找到别的出路。"

显然，父亲的奋斗史深深地在邢小颖心里种下了拼搏向上的种子，助她在本不肥沃的人生土壤中奋力向上生长。

同样，蓬勃的力量也赋予了周冰科不断进步的能量。周冰科说，工作后，他并没有停止自我提升的步伐，利用周末的时间，提升了自己的学历和技能水平。

事实上，邢小颖和周冰科所选择的向上生长之路，也是被充分验证了的。清华大学基础工业训练中心的实践课教师、设计与原型实验室副主任罗勇，也是以高职毕业生为起点，一步步走到了今天。

罗勇认为，不管来自什么样的学校，学什么专业，获得过多少荣誉，总之一句话：机会是给有准备的人准备的。他说："当你自身素质与能力过硬，并且时刻准备着，我想，好的机会一定不会轻易流失。"

那个摔倒了200多万次的人

马宇平

2021年7月24日，东京奥运会女子柔道48公斤级16强淘汰赛"空场"举行。刘磊磊和妻子相丽挤在山东青岛自家超市的收银台前，捧着手机心惊肉跳地观看比赛。

他参与过4个奥运会周期的备战。他与27枚金牌有关，但又似乎无关。

一

刘磊磊从不主动向外人提起从前的日子。若有人问起他曾经的工作，他只说，"当过运动员"。

曾经，他每天被摔300到500次，摔了16年，摔倒200多万次之后，刘磊磊在32岁那年退役了。

他是金牌陪练，但几乎没有人想到，他是被"骗"进国家队的。

刘磊磊出生于青岛农村。14岁时，他已经长到1.8米，体重接近100公斤，一顿饭能吃下百余个饺子。镇上开运动会，他手里的垒球和铁饼总能飞得最远。

那时刘磊磊家里没有电话，他被"选中"的消息先由学校老师带到母亲卖

068

衣服的商场，随后传到父亲修车的工棚。最后，邻里乡亲几乎都知道了，他们说："磊磊要去北京了，要有出息了！"

"我要拿世界冠军，为国争光。"饯行时，刘磊磊当着亲朋的面保证道。

那是 2001 年，刘磊磊第一次出远门。火车转汽车，最终在北京国家奥林匹克体育中心停下，他从门卫口中第一次听到"国家队"三个字。"国家队又来新人了。"门卫说。

同他第一个交手的是佟文。他还在担心"把人家女孩子摔坏了怎么办"时，现实已经狠狠把他砸在柔道垫上——佟文抓住他的衣领，使出一招干净利落的外卷入，他防不住，身体在空中画了一道弧线，"眼泪一下子就摔了出来"。

那时刘磊磊还不知道，这里是国家女子柔道队，佟文当时已是全国冠军。

两个月后，他和同批来的其他三名男队员才意识到"被骗了"。女队员住两人间，他们挤在放着上下铺的四人间；训练课上，他们站在一旁等候"召唤"，教练们只给女队员讲解动作要领。

训练之余，他还是女队员们的保姆、按摩师、裁缝和司机。刘磊磊不愿意做这些，但他害怕教练。

"先忍，总会有机会。"他心里憋着火，攒着劲儿，"卧薪尝胆"。他想，要先狠狠摔倒女队员，"连个女孩子都摔不过，太没面子了"。

二

半年后，和他一起从柔道学校选来的陪练迟福明退出了。刘磊磊也想走，但不知道怎么和教练开口。他也怕折了父母在老家的面子，"毕竟吹了那么大的牛，说要代表国家去比赛"。

一年多以后，以刘磊磊的身材和体重优势，摔倒女队员不再是难事。但他清楚，自己没有机会去男队当运动员了，他只是"陪练员"。

转折在 2003 年到来。刘霞在世界大学生运动会上斩获冠军，刘磊磊被安排捧着鲜花和教练徐殿平一起去接机。他高兴，但"纯粹是因为青岛老乡夺冠"。

接过花，1.78 米的刘霞搂住刘磊磊的脖子。她说："谢谢你磊磊，金牌也有你的功劳。下一个目标是雅典奥运会，咱俩一起加油。"

这个场景被刘磊磊刻在了心里，他没有想到，在刘霞心里，那块金牌竟也与他有关。刘磊磊下定决心好好为刘霞陪练，"反正自己没希望了，就把希望寄托在她身上"。

三

运动员的苦他看在眼里。

女子柔道队的队员加起来有 70 多人，大赛前超过 100 人。备赛时期，其他运动员和十几位陪练员几乎都围绕主力队员进行训练。

刘磊磊和其他陪练们的任务是帮队员把撒手锏练得更刚猛。主力队员佟文擅长背负投和外卷入。"技术定型"时，陪练们要站到她顺手的位置，主动伸手，在她抓住自己的衣襟或袖子后，加强力量对抗。

"不是说她技术对了我就顺着力被摔过去，一定是步伐、技术都到位，对抗的力量爆发出来，我才能把这个技术给对方。"如果对方做得好，他爬起来后会鼓掌叫好，"和她摔，但不是为了赢她，而是帮助她"。

他每天被摔倒几百次，有时一堂课下来就能摔到两条腿肿得不一样粗。不能喊疼，这是当陪练的最基本要求，"队员会心疼我们，我们不能让她们因为心疼而手软"。

陪练们也不会"手软"。队员再累他也不会"放水"，"我只会鼓励她"。

要调动队员的情绪，让她看见赢的希望，但又不能赢得容易。

运动员减重他也要陪着。为了能上奥运会，刘霞要在四五个月内减重 16 公斤，参加 78 公斤级比赛。刘磊磊也要减重，而且必须比主力队员减得快。他每天靠早晨两个鸡蛋加一碗小米粥支撑一天的训练，1 个月实现减重 30 公斤的目标。

处于减重期的刘霞在训练时泄了劲儿，刘磊磊从空中摔了下来。为了不砸到运动员，他用右肘支撑着着地，导致右肩韧带撕裂。事后，他找队医连着打了几天封闭针，没在刘霞面前吭一声。

他的右腿断过，肩、腰、膝盖都有伤，阴天下雨时关节会痛，茧子从脚底爬到脚面。这些伤口也被他视为荣耀，"这么多年，我没让一个队员在和我练习时受伤"。

他也得到了很多馈赠。女队员们会把发的装备分给他，给他买衣服；拿了冠军，兴奋地抱着他摇晃；也有人从自己的奖金里分出来一部分给他。他不在意数额，"那是一份心意"。

他被江苏队借走当陪练时，认识了妻子相丽。相丽退役那年，他们在老家办了婚礼，回北京又请了两拨儿。其中一拨儿是教练和领导，教练抢着结了账，没让小夫妻掏一分钱。请队员那天，原定 20 人的座位挤了 40 多人，运动员不能在外边随便吃肉，大家就在火锅里涮着青菜祝福他们。

四

以往，队员们外出比赛时，其他保障人员就回到原单位。队里会选一个人留守看家，刘磊磊总被认定为最合适的人选。时间最长的一次，他独自待了一个多月。

雅典奥运会时，刘磊磊看了刘霞决赛的直播。对手用钓袖背负投将刘霞摔倒，"一本"取胜。刘磊磊愣在电视机前，他平静不下来：对手变换了技术和打法，自己在训练中为什么没有想到？

颁奖仪式上，一枚银牌挂在了刘霞的脖子上。国旗升起来时，刘磊磊流泪了。"我那时候觉得这是我的遗憾。"

在那届奥运会上，刘霞一共打了5场比赛。对战荷兰选手时，她被对手用固技固定在垫子上21秒。按当时的规则，被固定25秒就输了。刘霞背部朝上，她翻眼睛看着天花板，"那么多白炽灯，我想这可是奥运会，输了就淘汰了，我所有吃的苦、遭的罪就都白费了！"她不知道哪来的劲儿，翻起来把对手固定住，赢了那场比赛。

那些惊险和逆转，刘磊磊都是在运动员回国后才知道的。有人调侃陪练，离冠军很近，但离赛场很远。

刘磊磊觉得好的陪练员必须具备两种特质：一是不能有私心，对所有运动员要一视同仁；二是不能有杂念，要彻底断了自己拿冠军的念头。

北京奥运会，女子柔道队拿下3枚柔道金牌，刘磊磊激动不已。他迫不及待地给母亲打电话。"高兴过头"的他戳穿了自己撒了7年的谎——我一直在女队，我是她们的陪练。

父母的"金牌梦"碎了。他们不再主动打电话问儿子"啥时候拿冠军"，也不想听他讲和柔道冠军们一起去人民大会堂领奖的事，连柔道比赛都不再看了。

他们唯一一次来北京，是因为儿子的婚事。刘磊磊带他们爬长城，逛国家奥林匹克体育中心，但避开了柔道训练的场馆。他不想让父母看自己陪练、被摔。2019年，父亲生病去世。刘磊磊最遗憾的是，父亲一次也没看过自己训练。

国内外大赛一个接一个，主力队员也换了几拨儿，刘磊磊成了女子柔道队里的老人。家人不停地催他退役。因为"连着两届奥运会都没拿到金牌"，也因为"伤病太多，体力跟不上年轻的队员了"。

五

刘磊磊退役时，走得悄无声息。

他去领导办公室签了字，趁着队员们都不在的时候坐上返回青岛的火车，没往朋友圈里发一条有关的信息。

家里也没给他办接风仪式。与送他去北京时的心气儿不同，"我爸妈觉得我的工作没有什么价值，对我特失望"。

刚退役那会儿，他经常叹气，早晨一睁眼就不知道该干啥。刘磊磊有"很多值得自豪的事"想讲给父母听，但父母不感兴趣，他话到嘴边又都咽了回去。

那件绣着国旗和他的名字的白色柔道服被束之高阁，一本32开的相册和一张"北京奥运会突出贡献个人"的证书是他过去16年陪练生涯的全部证明。

一期讲述他的陪练故事的电视节目要播出时，他给父母打开电视，自己却紧张地逃出家去。他算着时间，等节目播完了才回家。父母的反应出乎他的意料，母亲红着眼眶，父亲冲他竖起大拇指。这是他多年想得到的，"让家人认可我工作的价值"。

现在，他每天凌晨3点40分起床，4点钟到达批发市场拣货，5点30分拉开超市的门。午睡时间是在国家队时就固定下来的，困意袭来的时间比墙上的表还准。

有时，下午他会去家附近的柔道馆教小朋友，和孩子们一起享受柔道。在全是小朋友的柔道馆，他给孩子们讲柔道中的"礼"。每天踏上柔道垫，将鞋子工整地放到一边，队员鞠躬行上垫礼；训练和比赛开始、结束时，还要对老师和对手行礼。一堂训练课下来，要行6次礼。

柔道馆墙上"精力善用，自他共荣"8个大字，正好诠释了刘磊磊心中柔道的魅力。16年的陪练生涯让他感觉"什么苦都能吃"，也学会了尊重自己，尊重别人，尊重对手。"不管你的对手是谁，你一定要和对方一起来完成这件事，一起达到人生的顶点。"

让他遗憾的是，过去16年里没多拍点照片。北京奥运会时，有场比赛他们到得早，趁着场地没人，他站上领奖台，手捂着绣在柔道服胸口位置的国旗，想象自己夺冠的场景。队友们笑他，他立刻跑下来，那个珍贵的场景也没有被拍下。

有人问他："如果人生再来一次，想不想自己当一回运动员？"

"想！"他停顿了一下，眯眼笑着点头，"我也想靠自己登上那个领奖台。"

只需努力，无问西东

李 玥

王子安永远忘不了那个下午，盲人学校的老师用很平静的语调，向这群有视力障碍的少年宣告："好好学习盲人按摩，这是你们今后唯一的出路。"

"怎么可能？！"

这个双目失明的男孩觉得自己突然"被推进无底的深渊"。

在盲人学校的楼道里来回走了许多圈后，10岁的他决定和命运打个赌，用音乐为自己找条出路。

2017年12月，凭着出色的中提琴演奏，18岁的王子安收到了英国皇家伯明翰音乐学院的录取通知书。他将于2018年9月前往这所世界知名的音乐学府。眼下，他正在加紧学习英语。

再把时间拉回到王子安10岁的那一天，从盲人学校回家后，这个男孩"惊诧又愤怒"地向父亲描述在学校的经历。

"你拥有选择的权利，没有什么是你做不到的。"父亲表情严肃，提高了声调。

王子安4岁时，父亲就说过同样的话。那时，只有微弱光感的王子安拥有一辆四轮自行车。父亲握住他的手，带他认识自行车的龙头、座椅、踏板。

王子安最喜欢从陡坡上飞驰而下，他甚至尝试过骑两轮车，但有一次栽进了半米深的池塘。

从 5 岁开始，用双手弹奏钢琴，是他最幸福的事。88 个黑白键刻进了他的脑子里，他随时想象着自己在弹琴。遇到"难啃"的曲子，老师就抓住他的小手在琴键上反复敲击。指尖磨破了皮，往外渗血，他痛得想哭。

"看不见怎么了？我的人生一样充满可能。"王子安用手摩挲着黑白琴键，使出全部力气按下一组和弦。

他有一双白净、瘦长的手，握起来很有力量。他从不抗拒学习按摩，只是他讨厌耳边不断重复的声音："按摩是盲人唯一的出路。"

在父母为他营造的氛围里，王子安觉得自己是个再正常不过的小孩。他和别的小朋友打架，也和他们一样坐地铁、看电影、逛公园。即使被别人骂"瞎子"、被推倒在地，他也只是拍拍身上的土，心里想"瞎子可是很厉害的"。

2012 年，王子安尝试参加音乐院校的考试，榜上无名。不过，他的考场表现吸引了中提琴主考官侯东蕾老师的注意。

"音乐对你来说意味着什么？"面试时，侯东蕾问王子安。

"生命！"

这个考生高高扬起头，不假思索，给出了最与众不同的回答。

半年后，侯东蕾辗转联系到王子安的父亲，说自己一直在寻找这个有灵气的孩子，希望做他的音乐老师。

这位老师忘不了王子安双手落在黑白琴键上，闭着眼睛让音符流淌的场景，这是爱乐之人才有的模样。

听从侯东蕾老师的建议，王子安改学中提琴。弦乐难在音准，盲人敏锐的听觉反而是优势。

老师告诉他的弟子，音乐面前，人人平等，只需要用你的手去表达你的心。

但这个13岁才第一次拿起中提琴的孩子，仅仅是站立，都会前后摇晃，无法保持身体平衡——当一个人闭上眼睛，空间感会消失，身体的平衡感会减弱。为了练习架琴的姿势，王子安常常左手举着琴，抵在肩膀上好几个小时，"骨头都要压断了"。

最开始，他连弓都拉不直。侯东蕾就花费两三倍的时间，握住他的手，带他一遍遍游走在琴弦上。

许多节课，老师大汗淋漓，王子安抹着眼泪。侯东蕾撂下一句："吃不了这份苦，就别走这条路。"

母亲把棉签一根根竖着黏在弦上，排成一条宽约3厘米的"通道"。一旦碰到"通道"两边的棉签，王子安就知道自己没有拉成一条直线。3个月后，他终于把弓拉直了。而视力正常的学生，通常1个月就能做到。

但他进步神速。6个月时间，他就从中提琴的一级跳到了九级。

学习中提琴之后，他换过4把琴，拉断过几十根弦。他调动强大的记忆力背谱子，一首长约十几分钟的曲子，他通常两三天就能拿下。每次上课，他都全程录音，不管吃饭还是睡前，他总是一遍一遍地听。好几次他拉着琴睡着了，差点儿摔倒。

奋斗的激情，来自王子安的阳光心态。这个眼前总是一片漆黑的年轻人，从不强调"我看不见"。他自如地使用"看"这个字，"用手摸，用鼻子闻，用耳朵听，都是我'看'的方式"。

他也不信别人说的"你只能看到黑色"，他对色彩有自己的理解：红色是刺眼的光；蓝色是大海，是水穿过手指的冰凉；绿色是树叶，密密的，有甘蔗汁的清甜味。

他学会了自己坐公交车从盲人学校回家，通过沿途的味道，判断车开到了哪里——飘着香料味的是米粉店，混着大葱和肉香的是包子铺，水果市场依照时令充满不同的果香。

在车上，他循着声音就能找到空座位。他熟悉车子的每一个转弯，不用听报站，就能准确判断下车时间。

"人尽其才，有那么难吗？"

在"看"电影《无问西东》时，他安慰自己"只需努力，无问西东"。同时，他忍不住想象自己遇见梅贻琦校长，然后被他录取。

在第三次报考音乐院校失败后，母亲发现平日里看上去没心没肺的儿子，会找个角落悄悄地哭。

有人劝这家人放弃："与其把钱打水漂，还不如留着给王子安养老。"

也有人建议王子安乖乖学习盲人按摩，毕竟盲人学校的就业率是100%。

在广州市第二少年宫，王子安得到很多安慰。当报考音乐院校失败时，这里的同学们会握住王子安的手，拍拍他的肩，或者什么话也不说，只是静静地陪他练琴。

广州市第二少年宫有一个由普通孩子和特殊孩子组成的融合艺术团，97人中70%是特殊孩子。这是一种在发达国家较为成熟的教育理念，让智力障碍、视力障碍、肢体障碍等有特殊需要的孩子与普通孩子在同一课堂学习，强调每个人都有优势和劣势。

在融合艺术团，王子安和他的伙伴登上过广州著名的星海音乐厅，也曾受邀去美国、加拿大、瑞士、法国等国家演出。他们中，有人声音高，有人声音低，但不妨碍每个人平等地享受音乐带来的快乐。

"虽然我看不见这个世界，但我要让世界看见我的奋斗。"在一次赴异国演出的途中，吹着太平洋的风，王子安挥动帽子，高声喊着。

2017年11月的那天，王子安站在英国皇家伯明翰音乐学院的考官面前。

他特意用啫喱抓了抓头发，穿着母亲为他准备的黑色衬衫和裤子。他用半个小时，拉完了准备好的 4 首曲子。

"虽然这不是最后的决定，"面试官迫不及待地把评语读给他听，"因为你出众的表现，我会为你争取最好的奖学金。"

"我赢了。"灿烂的阳光下，他在心里放声大笑。

你不放弃，失败就不是结局

楚君

19 世纪 80 年代，美国的盖尔·博登发明了炼乳，改变了牛奶的历史。

在博登那个时代，牛奶主要用作儿童食品，但是，它很难保存，很容易受到细菌污染，放不了一两天就会变质。在博登发明了炼乳以后，炼乳成为乳品工业的主要产品，牛奶不再需要冷藏就能保存较长时间，而且可以长途运输。

发明炼乳时，博登已经 55 岁了。博登只接受了不足一年半的正式学校教育，而且后来也没有受过任何形式的科学训练，但他一直对科学发明具有极高的热情，特别希望自己能做点什么以提高人们的生活质量。

博登很早就感觉到，牛奶的品质和空气的洁净程度之间存在某种关系。"牛奶像是一种有生命的液体，"他说，"它被挤出来后就开始变化、腐败、死亡。"1851 年，博登乘船旅行。当时，为了解决旅途中的食物问题，长途航行的船上都带着奶牛。博登亲眼看到，由于船上的奶牛无法产出足够的牛奶，有的孩子因此死亡，失去孩子的父母悲痛欲绝。博登也痛惜不已，他想，有没有什么办法能把牛奶保存起来，使它变得更加安全呢？

除了博登，还有不少人也在尝试防止牛奶变质的方法。他们一般是把牛奶敞开在空气中，放在火上加热。结果常常是牛奶被烧煳，直至褐色或者变酸。博登的方法与众不同。他以前在纽约见过一种制作浓缩果汁的工具。他受此启发，研制出一种真空锅。真空锅内部的发热线圈缓慢、均匀地加热牛奶，使其中的水分逐渐蒸发，等到水全部被蒸发掉，剩下的就是浓缩的牛奶——炼乳。

"今后在船上牛奶将和糖一样普通。"1855 年，博登这样写道。1856 年，他取得了制造炼乳的专利，并开了一家工厂，但没多久就倒闭了。第二年，他又开了一家工厂，还是以失败告终。这两次失利几乎耗尽了博登的所有资产。幸运的是，他得到了一位金融家的资助，1858 年，第三家工厂开张了。博登为自己的企业制定了严格的卫生标准。他对牧场主们说，如果想让他买他们的牛奶，他们必须做到：打扫干净牛棚，在挤奶前仔细清洗奶牛的乳房，过滤器每天用沸水烫过后晾干……博登的牛奶事业渐渐有了起色。后来，美国南北战争爆发，联邦政府将炼乳作为军需品配给士兵。回家休假的士兵还将这种能长时间保存的牛奶介绍给家人朋友。博登的产品从此供不应求。

由于炼乳的出现，到 19 世纪 80 年代末，传统的乳品生意彻底转变为一项重要的现代工业。可以说，炼乳改变了牛奶的历史。炼乳也使博登变得富有，成了受人尊敬的名人。但是，在这次成功之前，他的一系列发明却几乎全是失败，其中一些甚至非常滑稽可笑。

博登最早的发明是一种治疗黄热病的方法。那是在 1844 年，博登居住的得克萨斯州流行黄热病。他 32 岁的妻子和 4 岁的儿子不幸染病，很快就离开了他。亲人的去世使博登遭受了沉重的打击，沉浸在悲痛中的他苦苦思索着战胜病魔的方法。他想，既然黄热病一般在夏季暴发，在霜冻季节到来后消失，为什么不把这可恶的疾病冻死呢？他计划制造一台巨型冰柜，用乙醚做冷却剂，让患病的人躺在里面接受低温治疗。"我的想法是让患者在里面躺上一个星期，就像躺在白色的冰霜下面。"他写道，"如果冰柜造好了，我就能让任何有需要的人在里面度过一个临时的冬天。"幸运的是，没有人愿意参与他的实验（几十年后，人们才发现蚊子是传播黄热病的真凶）。

博登还发明了一种水陆两栖交通工具。它是四轮马车和帆船的结合体，博登设想它在陆地和水上都能行驶。一天晚上，博登邀请一群朋友来吃晚餐。餐桌上的食物也是他发明的，都是用一些不可思议的材料制作的。"如果你们知道它们究竟是什么，一定会厌恶和恐惧的。"他得意地说，"事实上，我甚至能把灰尘变成美味佳肴。"宴会结束后，博登带着客人们来到一台机器前：一匹马拉着一架四轮车，车的前部竖立着一根桅杆，上面挂着船帆和滑轮，还有一个设备用来将车轮转变为船上的桨轮。博登带着朋友们上了车。尽管博登自己信心十足、兴致勃勃，他的朋友却感到忐忑不安。当他驾着车驶到水边的时候，他们都惊叫起来，博登不得不停了下来。

在另一次出游时，博登的两栖车驶进了水里，车很快就翻了，所有的人都掉进了水中。

"博登在哪儿？"有人喊道。

"淹死了！我真希望这样。他完全是活该！"一位客人怒气冲冲地回答。

博登的下一个发明不算太糟糕。他将牛肉脱水，加上调味料，最后做成饼干烘烤。在淘金热潮中，人们将这种牛肉饼干带到了加州，一支队伍在北极探险时就是靠它充饥的。《科学美国人》杂志称牛肉饼干是"最有价值的发明之一"。不过，大多数人对这个产品没有什么好感。一位海军医生抱怨说，很多人反映这种牛肉饼干极其难吃，就像融化的胶水和沙子掺和在一起。还有人说，牛肉饼干不仅不能消除饥饿感，反而会让人头疼、恶心、肌肉紧张。

随着牛肉饼干的失败，博登破产了。"我现在成了穷光蛋了，"他在给朋友的信中写道，"我不得不把家人托付给亲戚朋友照顾，我的（第二任）妻子在一个地方，我的孩子们在另一个地方。我的每一份财产都被拿去抵押了。我现在每天得工作 15 个小时。"

不过，博登心中发明创造的信念并没有因为遭遇挫折而磨灭。"回首往事毫无意义，"他对朋友说，"如果沉浸在过去无法自拔，我很快就会死掉或者被送进疯人院。"

博登将心思集中在浓缩和保存容易变质的食品上。他雄心勃勃地设想："我希望能把土豆放进小盒子里，把南瓜放在汤匙里，最大个儿的西瓜只要一只碟子就能装得下……土耳其人将几英亩的玫瑰浓缩成几滴精油，而我要把所有的东西都浓缩成精华。"

博登把 26 升苹果酒浓缩到 4 升，可惜没人欣赏。南北战争期间，他破例在星期天工作，制出了浓缩黑莓汁，并把它免费送给谢尔曼将军。后来，谢尔曼给他写信表示感谢，说他的浓缩黑莓汁治好了军中流行的痢疾，比军医的功劳还要大。当然，他最成功的浓缩产品是炼乳。

南北战争结束后，博登在得克萨斯州建立了几家工厂。他喜欢得克萨斯州温和的气候，每年冬天都在那里度过。博登还建立了一些学校、教堂，并资助了许多贫困的教师、学生、牧师。

1874 年，博登去世了。两年后，得克萨斯州用他的名字命名了一个郡。他创立的乳品公司如今发展成了国际性的集团公司，产品涉及乳制品、包装食品、化学药品等多个行业，每年经营额达数十亿美元。每一个认识博登的人都钦佩他、尊敬他、喜欢他——尽管有的人认为他是天才，有的人认为他少根筋。下次吃炼乳的时候，你会想起这个有趣的人吗？他的一生并不辉煌，可在他的经历中同样有值得回味的东西。

为梦想拼尽全力之前，别说运气不好

阿 俊

伦敦，1935年9月的一个雨天。一个身材矮小的英国女人匆匆地下了公共汽车。她开始四处寻找要去拜访的地方，但横竖没找到。在雨中，她来回跑了不知多少冤枉路，当她终于找到东道主家时，手里的鲜花已经湿漉不堪，人也如落汤鸡一般。

餐厅内，客人们早已开始吃晚餐。小女人的出现让话题一时都转到伦敦交通上。有来客说："要在伦敦不迷路，最好是坐出租车。"小女人听了这话只能苦笑。这就像有钱人碰上挨饿的人，问："为什么不吃肉？"

这位冒着大雨来访的小女人名叫菲莉丝·皮尔萨尔，在伦敦以画肖像为生。这一年她29岁。由于这次难堪的出访，第二天一大早菲莉丝便去买了伦敦地图。但令她失望的是，伦敦最新版地图的最后一次勘查是在1919年，距当时已有16年。1919年版的地图没有索引，没有公交路线，更没有门牌号码。要在偌大的伦敦找一条街，花时间不算，有些街根本找不到。菲莉丝看着那张过时的地图，久久地沉思着。她的脑海里酝酿着一个大胆的计划：她要给伦敦制作一幅全新的地图。她要把伦敦的每一条街都在地图上标明，使之易查易找。于是伦敦交通史乃至世界交通史上的一次决定性事件，由此拉开了序幕。

菲莉丝面对的是超大的劳动量。粗略计算，她要测量伦敦的 32000 条街道，步行 3000 英里（约 4828 公里）。仅仅这些数字就足以吓倒许多人。但菲莉丝说干就干，独自一人开始了史无前例的测量工作。她要用自己的双脚走遍整个伦敦的大街小巷。

1935 年的伦敦，5 点钟早起出现在街头的女人，不是妓女便是女佣。菲莉丝单身一人，毫无保护地走在街上，记录着街名和门牌。一天清早，有位警察看到菲莉丝独自一人拿着本子边走边记，便拦住她，怀疑她从事间谍活动。菲莉丝说她是绘图员，那位巡警不相信，他把菲莉丝的事情登记到了伦敦警察总署的档案中。

菲莉丝继续行走在伦敦的大街小巷。有绘画经历的她，看到那么多的迷人景色，还有那些长在路边的花草，多么想停下脚步把它们都画下来。但她对自己立下铁的纪律——画可以等，地图设计不能停。她相信总有一天，她会重新拿起画笔。

菲莉丝独自走在伦敦的街头，她并不惧怕孤独。作为一个画家，她习惯孤独地工作。她曾在西班牙乡村作画，曾在巴黎街头露宿。

伦敦是个不断变化的城市，不断有新的建筑和街道产生。为了获得最新的信息，她不得不出入于伦敦各区政府的所在地，但伦敦的官员对这样一个小女人根本不屑一顾。菲莉丝不得不一直保持微笑以获取必要的信息，这让她对伦敦城内的官僚有了了解，也痛恨不已。本来简单的公众信息，却让少数官僚把持着，当成了私家之物。

终于，菲莉丝搜集到了整个伦敦的资料。她设想中的地图和现存的地图最大的区别在于精确与否。她给自己的地图命名为 A—Z。借用 26 个字母，菲莉丝的地图囊括了伦敦所有的街道、广场、地铁站、重要公共建筑，只要打开地图册后面的索引，便可以根据数据直接查到要找的地方。这是对城市地图的全面革新，她开创的这一地图样式已经成为如今西方地图的基本模式。

但如此重大的革新在 20 世纪 30 年代却一时没法被人接受，就连菲莉丝的父亲都不接受。他发电报给菲莉丝说："哪个顾客会去找售货员买本地图 A—Z？荒唐！"父亲建议她为地图改名，但菲莉丝坚持不改。

菲莉丝终于把自己的 A—Z 地图制作出来了，接下来的环节是：推销。在不到一年的时间里，菲莉丝从一个肖像画家变成了地图制作人，现在又要成为推销员。

一个女人在 20 世纪 30 年代的伦敦搞推销，是绝无仅有的事，其中之艰难只有她自己知道。

日子一天天过去，菲莉丝一直没有找到买家。这天，她来到街头的一家小店。店门口挂着牌子：谢绝兜售。菲莉丝还是走了进去。站在柜台后的人说："你不识字吗？没看到外面的牌子？"但菲莉丝没走，她开始兜售自己的地图。店主是个女人，动了恻隐之心，她把菲莉丝请进了店里的小厨房，并把自己的经验传授给菲莉丝。她说："记住，不要打算拜访一次就能有结果。一次不成，再去；还不成，再去。"她建议菲莉丝直接去找批发商。

又是一天，菲莉丝来到不列颠的著名办公用品店 W.H. 史密斯。这个百年老店遍布英伦三岛。等她到了预订部，看到门口的牌子上写着"工作时间：9 点至 12 点"。此时是 12 点过 1 分。菲莉丝叹了口气，决定第二天再来。第二天她早早等在预订部的门口。门口等待的不仅她一个人，但她是唯一的女性。菲莉丝以为会是先来后到，但看门的人把所有的男人都叫了进去，唯独撇下了她。因为是女性，她连见经理的权利都被剥夺了！

菲莉丝白等了一上午，但她记住了那个好心女人给她的建议：一次不行再来第二次。第二天，她还是没能见到预订部的经理。第三天，第四天……一连七天她都老老实实地等在门外。她并不生气，这里是男人的世界，她已经习惯被男人推来推去。

第七天又快到 12 点了，外面只剩下菲莉丝一个人。预订部的经理正要关门，看到菲莉丝，问她有何贵干。机会难得，菲莉丝举起自己的书包，让预订部经理看到里面的 A—Z。

一个女人推销自己的地图，这让预订部经理大感惊奇，他把菲莉丝让进了办公室。他仔细查看了 A—Z 地图的每一页，然后，他合上地图册，取出预订簿，填写了预订单，把它递给了菲莉丝。菲莉丝几乎不敢相信自己的眼睛，那是 1250 份的首批地图订单！菲莉丝问："你觉得我的地图卖得出去吗？"经理回答："如果有人以为他知道什么能卖什么不能卖，那他就是外行。"

继 W.H. 史密斯连锁店之后，订单如雪片般飘来。一家著名的连锁店也开始从菲莉丝这里订货。据说订货的原因很简单：经理的女秘书在 A—Z 地图上轻松地找到了她居住的街道。

一份全新的地图出现在世人面前。A—Z 不仅成了伦敦人的必备，而且全球各地都在模仿 A—Z。如今要在地图上找到一条街，已经是轻而易举的事了。

就在菲莉丝的事业起飞之际，也就是 1939 年，欧洲烽烟四起，英国对德国宣战了。1940 年，菲莉丝的地图 A—Z 作为重要地理信息被禁止出版。菲莉丝不得不把自己多年的心血——那一摞摞的原始资料转移到安全处。

希特勒的轰炸机在伦敦无情地扔下了成千上万枚炸弹，企图用轰炸的方式逼迫英国向德国做出妥协。站在自己的家里，看着燃烧的伦敦，此时菲莉丝考虑的不是地图，而是祖国。菲莉丝申请参加战时服务——她会绘画，希望能发挥自己的所长。菲莉丝的请求得到了批准，她得到了描绘战时妇女的任务。

菲莉丝终于又拿起了画笔，积极投入新工作之中。她每天走访在为战地服务的妇女中间，用画笔记录下那些为战争而献身的普通妇女。可惜她的作品在战时并没有发表，但在战后，她的作品出版成书。

1945年战争结束后，菲莉丝本可以重建地图事业，但战后的英国开始对纸张进行管制。纸张的高成本使得印刷 A—Z 这样的地图无利可图。正在这时，一个荷兰公司找上门来，要求与她合作出版。在海外印刷出版，正好绕过了英国的纸张管制，于是那些珍贵的原始刻版被运到了荷兰。正所谓好事多磨，对菲莉丝来说，不仅是多磨，而且是多难。1946年11月，她乘坐的荷兰航空公司的飞机在伦敦因大雾坠毁，菲莉丝大难不死，从飞机残骸中被救了出来。她浑身是伤，不得不在没有麻醉的情况下接受紧急缝合。她身上的内伤使她永远失去了生育能力。

从1936年到1946年，菲莉丝的地图事业经历了10年的磨难，之后终于走上了正轨。她开创的地图使全世界受惠，她对地图事业做出的贡献几乎无人能比。地图事业走上正轨后，菲莉丝开始践行自己对艺术的许诺，她拿起画笔，重新开始作画。她坚持作画，即使到了80岁高龄也没有停笔。

她的作品如今被广为收藏。她的那段传奇经历，使她的绘画作品更具传奇色彩。菲莉丝于1996年去世，享年90岁。

所有的黑马逆袭，都不是偶然

马路天使

在网上，有人说黄灯是一名难得的在场观察者，一名真正的知识分子；在学生口中，她是一个"很亲学生的老师"、亲切的"灯哥"。无疑，黄灯是另类的学者和老师。她的许多文章和专著，成为互联网上热点话题的讨论中心。

她的出现，似乎说明了一个学者以非虚构写作介入现实问题的可能。

这两年，随着"二本学生""小镇青年"等话题的发酵，黄灯频繁出现在公众视野中。2020年，黄灯因为一本非虚构作品《我的二本学生》为大家所熟知，牵动了大家对教育和社会转型的思考。

20多年来，她从家乡湖南汨罗出发，成为岳阳的一名纺织厂工人；接着，她成为武汉大学中文系的研究生；最终，她来到广州、深圳，成为一名学者和大学老师。

从工人到知识分子，从中国内陆乡村到东南沿海城市，黄灯的生活一再跃迁，不变的，是她的普通话里仍旧保留的汨罗乡音。似乎那是一个她不愿意放下的"身份牌"，是她一直未曾丢弃的观照视角。

讲台下的面孔

2005 年夏天，在广东金融学院，黄灯迎来了人生的第一堂课。"新人配新人"，黄灯第一次当老师，台下的学生也是第一次当大学生。

那时候，黄灯并不知道自己是否喜欢这个职业；而台下的学生，也刚开始探索他们的大学生活。

第一堂课，从破除权威开始。她交代学生们"不要听话"，鼓励学生畅所欲言、释放天性，"我的课你们可以不来，我绝对不会用考勤威胁你们。但是，你们要保证人身安全，不要到外面乱逛，不要做危险的事情"。

学生们反而更喜欢来上课了。一开始，学生们有点儿不知所措，但她的课堂还是活跃了起来。她从来不会一个人讲到底，她的课堂上，重要的还是学生的反馈。

一方面，学生的真诚与好奇感染着黄灯，但另一方面，她明显地察觉到，这些大学生的状态与自己当初上大学时存在着巨大的差别。

对她来说，所有课堂面临的最大挑战，不是学习问题，也不是知识问题，而是无法触及一个真实群体的问题。在应试教育的高压下，学生们早已忽略真实的自我，他们有一种"深深的茫然"，这让黄灯感到不知所措。

相比于完成"专业技术人员情况登记表""教学科研人员考核登记表"等考核任务，黄灯更多地把兴趣投向讲台下这一个个年轻的面孔，开始思索这些年轻人生命历程的成因与走向。

尽管几乎成了"小镇做题家"，他们大部分人却只拿到并不抢眼的本科学历，对未来有着前所未有的茫然。二本院校学生整体出路的逼仄，成为困扰黄灯职业生涯的第一个大问题。

从 2014 年开始，一半是出于逃避机械的行政任务带来的丧失感，一半是出于无解的困惑，黄灯开始有意找学生做访谈，于是就有了这本《我的二本学生》。

在这本用蓝色装饰封皮的书中，50 多名学生及其背后的青年群体，就像被海浪托起的贝壳一样，出现在沙滩上，躲在中国社会高速发展史上不起眼的一角。

一股冲撞的力量

黄灯有关《我的二本学生》的写作，从广州 39 路公交车的终点站龙洞总站开始。

每天，黄灯需要乘坐 39 路公交车，从始发站到位于天河区北边的广东金融学院。

曾经被嫌弃的荒凉的龙洞，随着地铁 6 号线的开通以及东部萝岗片区的崛起，房价迎来了不可思议的飙升。"再也没有人认为龙洞是农村"，在财富增长与城市的剧烈变迁中，高级楼盘耸立，城市日渐光鲜。

不过，牵动她的，是那些嵌在时代发展褶皱中不易被察觉的人群。

居住在城中村"握手楼"的流动人口与高档小区的住户一起，共享着同一个地铁站。一个地铁站，不同出口截然不同的景观，昭示着不同人群悬殊的境遇。

她的笔触，抵达了在城中村布置温馨房间的伟福、妈妈是越南新娘的沐光、留守儿童秀姗……而相比起这些能够说得出名字的个体，她内心还有一个庞大而隐匿的群体，因为二本学生更能反映中国大多数普通年轻人的境遇。

黄灯说，当一个学生站在她面前，她会生出一种纵深感和历史感，自己就像透视镜一样，看到每个人身上流淌的生命史。透过这些生命，她不停地追问："教育产业化以后，教育和那些年轻人的命运之间，到底是一种什么样的关系？"

她对人在倏忽之间生命机遇产生的差异十分敏感，一股"不平"的力量始终在冲撞着她。

从 2002 年到 2003 年，在中山大学攻读博士学位期间，黄灯突然陷入一场精神危机。当她陷于博士论文虚空营构的时候，对于知识界的失望不断溢出。曾经的她受到启蒙精神的浸染，早就认定了知识分子应该是关切社会、有所担当的群体。

但她发现自己身处一个封闭的圈子，这里弥漫着精致利己的精英主义，刻板的学术概念和程式化的学术训练让她感到虚无。困顿之时，她发现自己读了这么多年书，关于求学的经历，她心中一片茫然。相反，当她试图写点儿什么的时候，自己曾有意无意回避的"工厂经验"和农村经历一并从笔下涌出。

不是为了获得学分，也不是为了拿到学位，这次自由书写让她发现，自己最牵挂的是她"大地上的亲人"和工厂曾经的同事。

她想起 2002 年的中秋节傍晚，多年未见的堂弟黄职培拎着一盒精装月饼和一箱牛奶来到她在中山大学的宿舍。堂弟说："你第一次在广州过节，一个人太冷清。"堂弟放下礼物便匆匆离开，他大概深知身份不同，不便打扰。

顿时，感动与羞愧浮上黄灯的心头。19 岁的堂弟，从小失去母亲，不满 14 岁就跟随父亲南下广州打工。尽管如此，他仍未忘记关心亲人。此前，黄灯早就听母亲说过，不少亲人蜗居在广州一个叫作"棠下"的城中村，但她从未涉足。在潜意识里，她自动选择与他们保持距离。

在那之后，黄灯开始主动去亲人们聚居的城中村棠下。在那里，她第一次见到了广州传说中的"一线天""握手楼"，混乱、肮脏、吵闹、气味不明的街道，承载了这个群体讨生活的沉重。

2003 年，黄灯将一系列回忆工友以及家乡的文章，取名《细节》，发表在当时的先锋文学杂志《天涯》上。这些几乎潮涌般的书写，后来被黄灯称作"放血式的写作"，它将黄灯从精神危机中拯救出来。

那两年，这股无以名状的力量终于被黄灯捕捉，并加以确认。在一次次靠近艰辛的生活中，她确认了自己的身份，也确认了知识分子的启蒙精神在她体内的存活。

这个力量一次次撞击着她，使她一次次走近那些长期被隐匿的群体，那是她的工友、她"大地上的亲人"，也是她的"二本学生"，是各个时代社会转型中不被看见的弱势群体。

担心自己的笔变得油滑

几乎所有见过黄灯的人，都会被她朴素的亲和力感染，但这种亲和力，并不来自练达和圆融。

她说话没有架子，在学校食堂吃饭，经常能和不认识的学生聊起来。但她身上，同时还有凌厉的一面，对不认同的事，她会毫不顾忌地"拍桌子"。

2005 年，黄灯到广东金融学院工作。在任职前，她和其他刚入职的老师一起参加一场岗前培训。只见讲台上的培训老师满口胡言，似乎在告诉大家，去当老师就是骗口饭吃，一副"我就是来糊弄你们"的态度。

黄灯惊讶于一个大教室里，没有人说一句反对的话。她听不下去了，便当场站起来辩论："你不要以为所有人都像你这样。"

一种持续的对于虚伪的愤怒，始终藏在她体内，并时常被触发。

在 2018 年的毕业典礼上，黄灯作为广东金融学院的教授致辞，这是她在这所学校任教的最后一年。多年来，她呼唤二本学生认知自我和时代，让他们学会拥有判断力、思考力、行动力。末了，她还对学生们提出更高的希望："在冷冰冰的数字之外，能够更多感知他人的需求和期待，除了关心自己的粮食和蔬菜，除了关心收入和房价，我们在接受完高等教育后，应该懂得打开另一个视角，适当超越于个人的困顿之外，将目光对准他人……"

　　当时，2018 年毕业的曹林也在主席台下，她感觉到了台下同学们的兴奋和骚动。虽然她只在大三的时候选修过黄灯的一门"乡村文化研究"的课程，但她还是感觉到黄灯给整个学院带来的定心丸作用，"至少不那么浮躁了"。她说的"浮躁"，是身为二本学生，在一所名不见经传的学校就读的自卑和慌张——"名校的学生一出校园就可以大方谈论自己的学校，但我们的学校没人知道"。

　　如今，黄灯从广东金融学院来到深圳职业技术学院，遇见许多专科生，她在那里开办了一个非虚构写作工坊。

　　对于多年来几度因为写作走红，黄灯心存警惕。

　　她对自己有要求："一个写作者，对出版要有所节制。"她也开过微信公众号，后来逐渐不更新了，究其原因，是担心"自己的笔变得油滑"，"那些跟市场关联得过于紧密的文字，会让你的笔越写越松，对文字应该有敬畏感"。

　　虽然认同文字的重要性，但她也时常问自己："这个文字到底能产生多大的作用呢？"这些年来，因为"出圈"，各种活动、采访纷至沓来，她甚至觉得自己"写作水平还下降了"，令她欣慰的是，通过这些文字，一些隐匿的群体被看到，并在社会上引起了广泛的讨论。

　　她甚至不觉得"二本学生"引起了那么大的讨论，其意义比教好学生更重要。让这些学生真正找到安身立命的东西，才是她最关心的。

　　这些年来，她坦言自己对于始终追寻的问题更悲观了。相比写作时带着疑问，现在黄灯更加确认，学生的困境是一种全球化的产物。只不过，她说，自己同时也是个乐观的人，"总觉得这个世界上没什么好害怕的，最糟糕的时候，我也没有害怕过"，到现场、去行动，便是她的乐观主义。

　　末了，黄灯聊起自己的儿子，母亲的慈爱在她脸上浮现，只不过，随后便是一丝愧疚。她谈起，儿子看了她的采访和书后，突然跟她说："妈妈，原来你做了这么多事情啊。你教了那么多人，怎么从来都不教我？"

多年来，黄灯对于家庭的照顾并不多，她的大部分时间用于处理工作与外部的事情。

说到这里，她的眼里再次泛起了微波。

所有的磨难都会成就更好的自己——刘秀祥

郑明鸿 陈嫱

刘秀祥是贵州省望谟县实验高级中学副校长，曾是 2008 年"孝子千里背母亲上大学"的主人公。

"我初中就知道他的事迹，觉得很神奇，特别崇拜他。"望谟县实验高中高三年级学生韦娟说。因为刘秀祥平易近人，亲近学生，同学们习惯叫他"祥哥"。

"只有读书才能改变命运"

刘秀祥于 1988 年出生在贵州省望谟县的一个小山村，四岁那年，父亲因病去世，母亲伤心过度，患上间歇性精神失常。

刘秀祥快乐无忧的童年戛然而止，但命运并没有停止捉弄他。他在上小学三年级时，哥哥和姐姐外出谋生，母亲彻底失去生活能力。

年纪轻，体格小，种不了地，刘秀祥将自家土地转租，租金为每年五百斤稻谷，这是他和母亲一年的口粮。

被压上了生活的重担，刘秀祥却笃定：只有读书才能改变命运。1995 年，七岁的刘秀祥走进学堂。几年的刻苦学习后，小学毕业考试，刘秀祥排名全县第三。

刘秀祥说，那时候乡下没有教育氛围，他却自觉读起了书，这是"一件神奇的事情"。

可由于经济原因，刘秀祥没能如愿进入望谟县当时最好的中学。于是他找到一家民办学校，以摸底考试第一名的成绩免费入学。

"活着不应该让人觉得可怜"

2001年，刘秀祥带着母亲去县城求学。初到县城，没钱租房，刘秀祥用稻草在学校旁的山坡上搭了间棚子。门前空地上挖个坑，架上铁锅，便是厨房。

为了维持生活，放学后，刘秀祥会到县城里捡废品，周末则去打零工。他每周能挣二十多元，勉强维持母子二人的生活。2004年，刘秀祥初中毕业，考入安龙县第一中学。

到安龙求学时，刘秀祥身上只有六百多元，那是他暑假期间跟着老乡去遵义修水电站挣来的，但这并不足以支撑他租下一间房屋居住。无奈之下，刘秀祥以每年二百元的价格，租下农户家闲置的猪圈当家。猪圈四面通透，刘秀祥就用编织袋挡风。

高中三年，刘秀祥边刻苦读书，边打工赚钱维持生计。2007年，他迎来高考，但命运又一次捉弄了他。高考前一周，由于长期营养不良，加之压力过大，刘秀祥病倒，最终落榜了。

那段时间，刘秀祥内心满是绝望，甚至想过轻生。但坚强的他不想轻易放弃，他翻看日记，看到自己曾经写下的一句话："当你抱怨没有鞋穿时，回头一看，发现别人竟然没有脚。"

这句话，让刘秀祥挺了过来。"跟那些孤儿比起来，我至少还有母亲，她虽不能养育我、照顾我，但只要有她在，我就还有家。"刘秀祥说。

他决定再战高考，2007年8月，刘秀祥成功说服一家私立学校的校长接收他入校复读。2008年夏天，他成功考入临沂师范学院（现临沂大学）。拿到通知书时，他抱着母亲大哭一场。

通知书到了，学费和路费却让他发愁。窘境之下，刘秀祥决定："只要能在假期挣够去山东的路费，我就带着母亲去，学校提任何条件、签任何协议我都答应。"

2008年8月，刘秀祥的故事开始被媒体报道，随之而来的还有方方面面的帮助。临沂师范学院为他和母亲提供了临时住处，并为他安排了勤工助学岗位。

入学后，不少热心人和企业都曾找到刘秀祥，表示愿意提供帮助，但都被他拒绝了。刘秀祥说，一个人活着不应该让人觉得可怜，而应让人觉得可亲和可敬。

上大学后，刘秀祥从没停止帮助他人。大学期间，他将部分兼职收入寄回贵州，用以支持初中时捡废品认识的两个妹妹和一个弟弟上学。

"教育的关键在于唤醒"

2012年，刘秀祥即将大学毕业，他接到了来自家乡的电话。电话是刘秀祥捡废品时认识的一个妹妹打来的，她告诉刘秀祥，自己不想读书，要准备结婚了。这让刘秀祥觉得震惊且心酸。他决定回家乡教书。

"我想给这个地方带来一些改变。"刘秀祥说，他想告诉那些处于贫困和迷惘中的孩子：人生必须有梦想。

回乡后，刘秀祥成为一名中学教师。2018年，他被任命为望谟县实验高级中学副校长，曾经拼尽全力守护梦想的刘秀祥，成为一名扶志者。

2015年，刘秀祥主动请缨，接手了高一年级一个班的班主任工作。"我们这里中考总分是700分，这个班的学生中考最高分是258分，最低分105分。没人认为自己考得上大学。"

接过了烫手山芋，刘秀祥决定先从端正学生的学习态度和树立学生的自信入手。为了拉近和学生的感情，他分批次将班上学生邀请到家中，亲自下厨做饭给大家吃。

三年时间的全方位陪伴，刘秀祥让曾经的差班完成华丽转变。该班四十七名学生全部考上了大学。"中考258分的那位同学高考成绩是586分，中考105分的那位同学也考上了本科。"刘秀祥说，"我想告诉他们，不要低估梦想的力量，你们的老师就是这么走来的。"

当教师的七年多时间里，刘秀祥每个假期都会到学生家中家访，了解情况。他骑着摩托车几乎跑遍了望谟县的每一个乡镇，单是摩托车就骑坏了八辆，先后把四十多个孩子从打工的地方拉回了校园。

学生杨兴旺曾因家庭原因和缺乏信心不愿上学。"我没来学校的那段时间，祥哥每次都要打电话和我聊很久。"杨兴旺说，祥哥的劝说让他打消了读书无用的念头，"不管压力多大，我都要努力考上理想的学校"。

在刘秀祥看来，教育的关键在于唤醒，"除了唤醒学生，还要唤醒社会的关注"。刘秀祥到各个地方演讲，用自己的事迹鼓励更多人追逐梦想。至今，他已经到各地演讲超过一千一百场。

"我最初想，能改变一两个人就足够了。但我后来想，我不可能只改变一两个人。我当班主任，一个班五十个人，那我就有可能改变五十个人。"他笑着说，"可能很多年后，我改变的人是五百个、五千个甚至五万个。"

2018年，刘秀祥入选"中国好教师"。"当时很激动，但我只是一个代表，扎根一线和边远地区的老师太多了。"刘秀祥说，"我只是一个幸运者。"

"我很庆幸自己没有成为社会的包袱，而且有机会实现自己的价值。"刘秀祥说，苦难让他变得更加坚强和懂得担当。

工地里的录取通知书

——清华学子单小龙

姜饼果

对单小龙来说，那天是绝不平凡的一天。他站在乱七八糟的瓦砾上，身旁是刚搬了一半的钢筋，灰蒙蒙的工地上尘埃四起，手上紫色的录取通知书却在太阳下炫目不已。18岁这年，单小龙拿到了他梦寐以求的成人礼物。

1999年，单小龙出生在宁夏固原西吉县的一个小山村中，宁夏地处西北，村子干旱少雨，道路泥泞，单小龙的家境从他记事起就十分贫寒。父亲患有腰椎间盘突出不能干重活，母亲的眼睛也不好，平常只能靠打打零工来供养家里三个孩子，维持温饱已是勉强。但单小龙的父亲十分注重孩子们的教育，从小便教导孩子们要好好读书，考一个好大学，走出大山。在单小龙小学三年级时，父亲听说镇上的小学教育更好，便毫不犹豫地决定送他去镇上上学。学校离家有十多公里，山路泥泞崎岖，碰上雨雪天气更是寸步难行。单小龙的父亲便每天骑着摩托接送单小龙上下学，一年又一年，风雨无阻。摩托车后座上小小的孩子在风雪中紧紧贴着父亲宽厚的脊背，小小的心从那时起便发誓要好好读书，不辜负父母的付出。

该用什么词语去形容一个少年的青春岁月？是奔跑在阳光下肆意妄为的年少轻狂，是等不及挣脱父母怀抱羽翼渐丰的意气风发。对单小龙而言，是无数个沉默的日夜和结满厚厚茧子的双手，白炽灯、翻烂的书本和用完一管又一管的笔芯构成了单小龙的少年岁月。三年后，他考上了省里最好的高中。但省高中比家乡高出几倍的学费让他望而却步，他想要继续在县里的高中就读，以减轻家里的负担。这一想法被父亲狠狠地训斥了一顿。父亲比任何人都要明白把孩子送出大山的重要性，他不能让单小龙继续原地踏步蹉跎才华。单小龙的大哥也选择出去打工，自愿成为弟弟妹妹前进求学的基石。当地的教育局、单小龙的学校和社会各界热心人士在听闻这件事后，也纷纷伸出援手，筹集捐款，让单小龙可以顺利上学。来自各方的沉甸甸的爱与关注推动单小龙继续前行，托举着把他送到更远更大的世界中。

进入银川一中后，单小龙更加刻苦努力地学习。这么大的孩子正是炫耀球鞋和手机的年纪，单小龙没有这些，仅有的一部手机还是父亲三年前淘汰下来送给他的老式按键手机。不过他根本无暇关心这些，对他来说，今天弄懂了几道难题，明天做了几张卷子，又学到了多少新知识，比任何东西都要重要。

每一个孩子都有梦想，单小龙也不例外。他有对大城市的向往，有对名牌大学的憧憬，想看看外面的世界是什么样的，也想知道除他以外的人们在过着什么样的生活。在每一个埋头于试卷里的白天，在每一个台灯长亮的夜晚，他都在想，想到"穷且益坚，不坠青云之志"，想到"富家不用买良田，书中自有千钟粟"，想到电视里的天安门，想到灯火通明的大都市。这样想着，他手心的茧子长了一层又一层，做过的试卷多了一摞又一摞，照在书本上的灯光灭得一天比一天晚，少年不服输的心在沉默的时光中长成了盘根错节的参天大树。

他要去北京，去最好的大学。

他没有告诉别人，这样宏大的目标光是想想就让人头皮发麻。18岁正是敢想敢闯的年龄，瘦弱的少年默默定下了这个高不可攀的目标，并咬牙向它一步步攀登而去。从此他的生活变得更简单了，埋头于题海之中，课间休息也会抓紧时间继续学习。他和任何一个高中生一样，也会累，也会崩溃，但他知道自己没有退路，闪闪发光的梦想就在前方，家庭的支撑和亲人的关爱让他不断生出战胜万难的勇气。父母已经给了他们能给的一切，剩下的路他要靠自己，他要靠自己改变命运，靠自己带着母亲去大城市看病，靠自己让全家过上幸福富足的生活。昔日被父亲护在身后的小小孩子，已经长成了能扛起半边天的顶梁柱。

天道酬勤，命运赐予了少年走向世界的入场券。在 2018 年的高考中，他考了 676 分，他真的考上了清华大学。紫色的录取通知书落入手中，工地上的人全围上来，发出不可思议的惊叹声，太阳照得他睁不开眼，他从来不知道阳光是可以这么灿烂的。被录取后，许许多多的媒体争先恐后地来采访他，让他分享成功经验，分享是怎么做到在这么艰苦的环境下还能考上清华大学的。他只是腼腆地笑着，有点不知道怎么回答。他并不觉得环境有多艰苦，父母能全力支持他追求梦想，穷是穷了点，但是也可以吃饱穿暖，对他来说，这就足够了。父母已经把最好的都给了他，外面的世界就应该由他带着父母去看。

他最终只是在镜头前轻轻地说："我有爱我的爸爸妈妈，这就足够了。"

苦难不值得歌颂，但苦难中生长出来的精神，却在时间的长河中熠熠生辉。单小龙的故事不仅仅是寒门学子考上名牌大学的励志征程，更是少年在追求梦想的道路上可歌可泣的勇气和决心。每一个孩子都有梦想，想成为让父母骄傲的人，但攀上梦想之巅的旅途绝不顺利，会有风雪，会有荆棘，会有一个人默默吃苦的孤独时光，也会遇上看起来不可逾越的困难。单小龙生于苦难之中，相比于大多数孩子，他没有电脑、手机和各种游戏，没有丰富的课余生活和兴趣爱好，但他选择靠自己把命运牢牢握在手心里，勇敢地去追求自己梦想中的幸福，哪怕历经千难万险，经过千锤百炼，他也从不后悔。

荆棘里会开出最灿烂的花

——高考状元庞众望

陈庆芳

《活出生命的意义》中提出："人所拥有的任何东西，都可以被剥夺，唯独人性最后的自由——也就是在任何境遇中选择一己态度和生活方式的自由——不能被剥夺。"

我想，庞众望用自己的行动为我们诠释了这句真理。

暴雪里昂首不屈的脊梁

有的人之所以能脱颖而出，就在于他拥有绝对顽强的信念。1999 年，庞众望出生在河北省沧州市的一个贫困家庭。母亲身患残疾，出行全靠轮椅，只能做些刺绣活赚钱，手上满是针孔。父亲患有精神疾病，不能正常交流。家里破旧的房子是借别人家的，整个家庭全靠年迈的姥姥和姥爷苦苦支撑。然而，麻绳专往细处断，厄运专找苦命人。6 岁那年，庞众望被诊断出患有先天性心脏病，这无疑这个本就艰难的家庭带来了更大的打击。但庞众望的母亲从未想过放弃，她坐在轮椅上，领着庞众望挨家挨户低声下气求人借钱，终于凑够了手术费，让儿子得以重获新生。而庞众望也非常懂事，小学六年，别人都在玩闹时，他课余时间都在捡废品换钱，用自己稚嫩的肩膀分担着家庭的重任。纵然如此，他的学习也没有落下，大小考试都名列前茅，家里整面墙的奖状就是最好的装饰品。

13岁时，母亲因贫血严重晕倒，照顾母亲的重担落在了庞众望的身上。像当年母亲救他那样，庞众望挨家挨户借钱为母亲治病。母亲住院期间，他还去医院外的小饭店打零工，借用小饭店的锅为妈妈炒菜做饭。

在困境中，他在日记本上写下了这样一段话："既然苦难选择了你，你可以把背影留给苦难，把笑容交给阳光。"这份乐观和坚强，成为他战胜一切困难的力量源泉。于是他努力打工赚钱，每天自己吃烂菜叶，把好的菜都留给母亲吃。种种磨难没有击溃他努力读书的信念，他深知，唯有读书，才能在暴风雪里扛起全家人的殷殷期盼，才能让母亲过上更好的生活，才能为这个摇摇欲坠的家庭带来生机，才能找寻出路，逆天改命，这是他的信念。他的母亲从没读过书，"就想让他能读，尽量读好书"。他扛起了这份希冀，并最终走出了困境。

强者从不会被命运打败

糟糕透顶的家庭经济条件，并没有挡住庞众望一路向前的步伐，偏远小村的师资也能高高捧起一颗想要变得更强的心。永远不会被环境降伏的人，才是自己人生的天命主角。

2014年，庞众望考上了县城最好的高中。从县城到村子要走20多公里路，庞众望需要住校，每个月只能回家一次。庞众望担心母亲会思念自己，于是他在开学前写了30封信，让姥爷每天读一封给母亲听。他的文字里，满满的都是对母亲的关心和爱："在家不要太节省，要好好吃饭，也不能喝生水，对身体不好……"高中三年，庞众望和母亲互为支撑，共同努力。他在学校一直名列前茅，参加各类联赛获奖无数，这份努力的背后是他想要尽快让母亲过上好生活的坚定信念。同时，自强不息的母亲靠着做针线活，愣是把家里欠的5万元外债全还上了。当年借钱的村民们是知道庞家情况的，从来没催过一次。然而，庞母的想法却是："你们帮我，是因为我难，但我们不能为了自己不难，让你们为难。"

2017年高考，庞众望以684分的优异成绩夺得河北省沧州市理科状元，并获得了清华大学"自强计划"最高60分的降分录取资格，被清华大学录取。这一消息让全家人激动不已，庞母更是喜极而泣。为人母者，最幸福的事莫过于教育好孩子，看到孩子出人头地。这一天，她终于等来了。

庞众望不但在家庭的重担下挺膺担当，而且在自己的梦想和未来面前也毫不退缩，努力奋斗，最终直上青云，浩气展霓虹。

强大的内心是实现梦想的倚仗

庞众望乐观的性格底色，是他一路披荆斩棘、勇对磨难和勇担责任的最牢靠的倚仗。面对穷困潦倒的家庭，他说："我没有觉得我的家庭哪点拿不出手，我妈妈那么好，我姥姥姥爷也那么好，我的每一个亲人都那么好，他们该羡慕我啊！"

庞众望的乐观和坚强为他带来正向强大的磁场，从而心无旁骛地抵达清华园，圆了整个家庭的梦，让他们的希望明亮燃烧。他持有强大的心态和不被外界干扰的心境，从而能够避免内耗、焦虑，能够全身心专注学习。

他的事迹被媒体广泛报道后，众多企业和好心人提出资助，但他拒绝了这些好意。他想靠自己的双手经济独立，脚踏实地走向成功、抵达梦想。他这样坚强的内核离不开母亲潜移默化的影响，庞众望回忆道："我母亲是一个非常坚强的人，我记得她曾经跟我说过，在她小时候医生说她活不过 20 岁，但她觉得自己能翻个倍。我就很希望我有一天也能有这样的勇气，在面对别人对我的评价时，能非常勇敢地去说'我想翻个倍'。"他做到了。

庞众望靠自己的意志勇敢地脱离了桎梏，从而创造了那些意想不到的奇迹。他用行动告诉我们，只要拥有想要变得更强的决心，一切都无法限制你的脚步。正如《牧羊少年奇幻之旅》所说："没有一颗星会因为追求梦想而受伤，当你真心渴望某样东西时，整个宇宙都会来帮忙。"勇敢追逐梦想和未来吧，它们完全向你敞开，任你支配，努力下去，就是万丈光明，前程万里。

考入清华的搬砖男孩

——713分高考状元林万东

姜饼果

　　2019级的清华新生中，有一个名叫林万东的男孩。他以713分的成绩考入清华，是当年云南省的理科状元。在高手如云的清华大学，校长却偏偏在开学典礼上着重提起了他的名字，对他给予了高度赞扬，因为他是从深山中走出来的状元，是清华校训"自强不息"最好的代名词。

　　林万东来自云南宣威的一个深度贫困的山村，村里多是下地干活、靠天吃饭的农民。在缺少外界联系、资源匮乏、信息不通的山村里，林万东的家庭条件更是艰苦，他的爷爷已是85岁高龄，父亲患有腰伤和脑梗，因常年的病痛失去了劳动能力，还需要家人的日夜看护。林万东的姐姐刚上大学，弟弟年龄尚小，还在读高一，家里的三个孩子正是需要花钱的时候。于是孩子的学费、家庭的日常开支、给父亲治病的钱……生活所有重担只能全压在母亲一个人身上。

　　林万东的母亲为了支撑起整个家庭，只身一人来到昆明的工地打工，41岁的她每天干着和男工一样的重体力活，仅仅四个月就瘦了三十多斤。母亲苍老的脸颊和手上深深皲裂的伤痕，林万东看在眼里，痛在心里。他很早就学会在母亲外出工作时，将家里的事务打理得井井有条，帮母亲干地里的农活、挑水喂牛，希望帮母亲分担一点压力。一次感冒生病，林万东不忍母亲担心，打算硬扛过去，谁承想越来越严重，烧到昏了过去。母亲半夜急忙把他送去了几公里以外的乡镇医院。林万东苏醒后，看着母亲疲惫的睡颜，心中满是懊恼，只恨自己没有让母亲过上更好生活的能力。从那时起，林万东便更加明白自己肩上的责任。

大山里的孩子都知道，想要出人头地，必须走出这片大山，而想要走出大山，发奋读书是唯一的道路。他心里非常清楚，自己好好学习，努力高考，走出大山出人头地才是对日夜操劳的母亲最大的回报。对他来说，高考不仅是他命运的转折点，也会成为他们全家生活的新起点。

早在高一，林万东就默默立下要考清华大学的目标，并在日记本上写下"唯有自强不息，才有无限可能"。这是林万东的座右铭，也是支持林万东一直默默前行的动力。对于他来说，自己只有自强不息、努力奋斗，才能成为父母的骄傲，才能改变自己的命运，改变家庭的命运。清华之于大山中的贫寒之家，像高山之巅那般可望而不可即，但坚定的决心使林万东毅然踏上征途，为了实现梦想，他付出了常人难以想象的努力。

对于理科科目，他通过大量练习习题以熟能生巧。他做过的卷子堆在桌边，成了一座高高的小山。不光大量做题，林万东还会不断回顾总结，探索出了最适合自己的学习方法。他会在老师每次讲新课之前，先把内容预习一遍，将自己没看明白的东西记下来，老师讲课的时候他会着重听讲，如果还没弄明白，下课便会主动找老师请教。水滴石穿，这种在学习上的努力和习惯，林万东坚持了很多很多年，他从村里的小学考到市里的中学，又考到省重点高中，最终以理科713分的成绩成为云南省当年的理科状元，被清华大学录取。

　　在收到录取通知书时，他满头满脸全是工地的灰尘和泥浆，喘着大粗气，脚边和手边放着还没搬完的钢筋水泥。工友们这才发现，这个沉默寡言、只管干活的孩子，竟然考上了中国顶级的学府。大部分小孩在高考结束后便开始享受期盼已久的自由时光，林万东却不敢完全放松。大学的各项费用不比初高中，他需要找到工作，为自己赚够学费。于是他来到母亲打工的工地上，靠每天搬运钢筋和水泥赚钱，这样一方面可以凑够学费，另一方面也终于可以陪在母亲身边，帮母亲分担辛苦。18岁的少年终于长成了小时候自己希望的样子，成为家庭的骄傲，成为可以为母亲遮风挡雨的坚实脊背。

　　林万东将录取通知书带回了家，全家人小心翼翼地抚摸着紫色的通知书，摩挲着上面林万东的照片。这是让孩子开启新人生的钥匙，是整个家庭新的起点和期盼。薄薄的一张录取通知书，背后是一个孩子18年沉默艰难的岁月，是一个贫寒家庭的辛酸历程。母亲抹起了眼泪，从林万东决定要考清华的那一刻起，她就相信自己的孩子一定可以实现梦想。在小小的房子里，全家的手紧紧握在一起，快乐地笑着。

　　穷且益坚，不坠青云之志。"自强不息"是林万东一直前进的动力，是指引他大步向前，迈向未来的指南针。生于贫瘠的大山，生于贫困多灾的家庭，林万东没有责怪命运，更没有自暴自弃和自怨自艾，而是早早地确认了自己的目标，明白了自己的责任，将少年的心气和热血全部投入白炽灯下的厚厚书本中，深深扎根，默默蛰伏，最终牢牢抓住了改变命运的机会，踏上了属于自己的远大前程。

叁

世上无难事，
只要肯攀登

不要轻易说不可能
——断臂钢琴师刘伟

曲 辉

袖管空空的刘伟第一次出现在真人秀节目现场时，全场震动，评委与观众都自发地站起来为他鼓掌欢呼。刘伟安静地脱鞋、抬脚，轻盈地移动脚尖，《梦中的婚礼》的旋律从他的脚底潺潺流出。

评委问他："你是怎样做到的？"刘伟只说了一句话，这句话在最短时间里成了媒体流传的金句："我觉得我的人生中只有两条路，要么赶紧死，要么精彩地活着。没有人规定钢琴一定要用手弹。"

在全国总决赛中，刘伟最终以一首边弹边唱的《You Are Beautiful》拿下冠军，凭借自己的努力，把不可能变为可能。

活着，爱着，梦想着，这就是刘伟崇尚的自信、希望和对生活的热爱。

命运的残酷考验

身为"80后"的刘伟从小就显露了运动方面的天赋：热爱足球，小学三年级就已当上了绿茵俱乐部二线队的队长。如果没有变故，他很可能沿着儿时的

112

足球梦这么一路跑下去。

10岁的一天，是他美好童年的终止。在离他家不远处有间用矮土墙隔开的简陋配电室，错综的电线裸露在外。玩捉迷藏的时候，刘伟不慎触到了高压线，10万伏的高压电流瞬间穿过了他的全身。

醒来时，刘伟已经彻底失去了双臂。后来他说："当时我的脑袋一片空白，傻了。"

"昏迷了6天，醒来时问我妈，胳膊是不是拿去治疗了？好了能再接上吗？我妈说是。善意的谎言持续了45天，等生命危险期度过了她才告诉我真相。我基本上有两天的时间就是躺在床上看着白炽灯，也不知道在想什么，然后自己流泪。"

看着每天有车推着蒙着布的尸体进去，他就会想，也许有一天自己就会躺在那里，被别人推进去。

让他振作起来的，是同样失去双臂的北京市残疾人联合会副主席刘京生。"他给我示范如何刷牙、洗脸。我问他，你可以写字吗？他用笔给我写下一句话：'拿起笔，你能做得更多。'这一句话让我受益终身。"

锻炼双脚的过程是艰难而痛苦的，练肿了、磨出血来都是常事。"现在，我像正常人一样生活，用手机，用电脑，弹钢琴，写东西，穿衣叠被，上卫生间……"他上网和朋友聊天，用脚打字灵活自如。有一次朋友抱怨说，慢点，你打字太快了！

康复后他拒绝了留级，回到原来的班里。期末考试他仍居全班前三名。

"从那个时候起，我开始努力学习了。任何事情我只要想学，就能学得很快，做得比别人好。"他在12岁时开始学游泳，进入北京市残疾人游泳队。短短两年后，他凭着惊人的毅力，在全国残疾人游泳锦标赛上获得了两项冠军。

刘伟对母亲许下承诺：在2008年的残奥会上拿一枚金牌回来。而此时，另一个突如其来的巨大挫折降临：高压电损伤身体免疫力的后遗症开始显现，他患上了过敏性紫癜。如果继续训练，将来很有可能会患上更为严重的红斑狼疮或白血病，危及生命。刘伟满怀憧憬的第二次运动生涯，就这样彻底终止了。

谢谢你这么歧视我

那时他还面临着高考，家人主张成绩不错的他继续读书，但他在反复和家人沟通之后，成功说服了家人，他把希望和努力放在他的另一项爱好——音乐上。刘伟找到了一家私立音乐学校，提出入学申请，然而学校的校长却以"影响校容"为借口无情地拒绝了他。

强烈的自尊心刹那间被激发出来，刘伟说："谢谢你这么歧视我，我会让你看看我是怎么做的。"收入并不高的父母借钱为他买下了一架钢琴，他决定自学。

"第一次坐在钢琴前，一共88个键，我都不知道要弹哪个，后来下意识地弹了一个标准音，我觉得是我触动了它，是我让它发出声音来的。这种感觉很微妙，也许弹得并不好，但至少是通过我发出的声音。"

然而钢琴毕竟是为手设计的，用脚弹琴，需要惊人的勇气和想象力。他自己摸索出了一套"趾法"："一般人用手弹钢琴，手掌可以撑开到8度，我的脚经过训练能张到5度，我还需要更多地移动，来弥补跨度不足的问题。"

他每天练琴的时间超过7小时，脚趾不知被磨破了多少次。琴凳比琴键矮，人坐在上面抬脚很容易摔下来，家人为他特别订制了一个琴凳。坐在上面弹琴，腹部、腰部、腿部共同使劲，一天下来他腰酸腹痛，双脚抽筋。渐渐地，他从只会弹音阶到能弹《雪绒花》。虽然没资格参加钢琴考级，但现在他已能弹奏较难的曲子了。

刘伟曾参加过另一档音乐选秀节目的预选。"我还没唱几句就被打断，当把钢琴抬进去表演时，演奏不到一半，就又被评委很不耐烦地打断了，然后评委一句话也不说。"这样的冷遇，对刘伟来说已是稀松平常。

在 2008 年北京电视台《唱响奥运》节目中，他为刘德华伴奏《Everyone is No.1》。刘德华深受震撼，热情地拥抱了他，两人约定合作一首歌曲。一年之后，刘德华的新专辑出炉，其中的一首《美丽的回忆》，歌词即由刘伟创作。歌里唱道："我站在这里拥抱你／抱你我最真实的身体／抱你我的约定／你的美丽永远都很清晰。"

他的倔强和不凡终于源源不断地体现出来：失去了双臂，但获得了更大的自由。虽然还夹杂着少许错音和错拍，但就是那样的琴声，已足以让世人为之热泪盈眶，震撼于那维纳斯式的美感。

从容是一种境界

一夜之间，刘伟成为万众瞩目的焦点。他在社交平台账号里的留言堆积如山，工作档期已经排到了第二年，他还接到了大量商演邀请，价码达到一场 30 万元，这对于草根出身的他来说已是天价。

对此，刘伟说自己绝不以名利为前提演出："我从来就不是娱乐圈的人，所以也不期待天价商演。""慈善公益演出我可能会参加，但商业性质的肯定没有。"他坦言："再有钱又怎样？还不是每天三顿饭、一张床？"

刘伟说："面对荣誉、名次、奖杯，现在的我真的可以做到从容淡泊，因为我明白，那些高高的山峰，只有一步一个脚印才能到达，那些鲜花和掌声，也只有坚持不懈的努力才配拥有。"

"评委问我：'如果 10 年前的你站在面前，你想对他说什么？'我会说：'谢谢你还活着，让我能干这么多事。'我是受别人的一句话影响，生活才慢慢回归正轨，我希望我也能够给别人一丁点鼓励。"当被问及是否介意仅来自同情的支持时，刘伟表示并不担心，因为"如果你的作品够好，不需要有这种顾虑"。

刘伟的梦想是成为一流的音乐制作人，他仍在苦学音乐创作和钢琴，希望能够把自己推上一个更耀眼的舞台，以更强的实力回应所有的质疑。他的内心仍然像自己写的歌词那样永远清晰，保持着那份面对浮躁尘嚣的从容："光环越大，里面的空心越大，我要的只是做好自己。""每一个人都要对自己的梦想负责，希望大家可以坚持做自己喜欢的事情。我不抱怨什么，至少我还有两条完美的腿。"

畏难心是阻碍成长的最大敌人

张珠容

如果你是 K 歌爱好者，那你一定听说过"唱吧"这款 K 歌软件。根据系统提供的伴奏和歌词，"唱吧"的用户在手机上就能获得如同在 KTV 欢唱的体验，十分便捷。此外，"唱吧"还支持系统打分、作品上传、网友送花、评论等功能，只要用户唱得好、粉丝多，就能进入达人榜单，从草根变身"唱吧"红人。

2012 年 5 月，"唱吧"上线，仅仅五天，它便登顶苹果应用商店排行榜。目前，"唱吧"的注册用户已经超过一亿，被誉为"最时尚的手机 KTV"。那么，在短短数年的时间内，"唱吧"是怎么做到被大众所熟知并追捧的呢？

"唱吧"的创始人陈华是一名典型的技术男，毕业于北京大学计算机系。2011 年年底，陈华组建了自己的创业团队，他们从几十个创业项目里精心筛选出了一个目标项目——做一款时尚的手机 K 歌软件。做出决定之后，陈华才发现一个非常严重的问题：团队里的人要么不会唱歌，要么唱歌很难听！

一个总体唱歌水平糟糕的团队，该怎样去打造一款时尚的手机 K 歌软件？想到这里陈华有点灰心。但他对自己说："一个问题里，也许就藏着一个机会，我一定能从眼前的问题中找到机会继续创业！"

基于很多人唱歌不好听这个问题，陈华带领团队打造出了特殊的"唱吧"软件。软件可以将声音美化，通过一些巧妙的方法去掉噪音，再加上很多特殊的音效处理，使得用户录出来的声音比想象中的纯粹、好听。

软件的问题解决后，陈华又发现了另一个问题。用户如果去KTV里面唱歌，唱完歌他的朋友会给他鼓掌，这样他就知道自己唱得好不好。可是用"唱吧"软件唱歌，用户无从得知自己唱得如何。鉴于此，他给用户增加了"系统打分"功能。用户一唱完，系统就会将他唱的歌跟原唱进行非常精确的对比，然后告诉用户他击败了全国百分之多少的人。事实证明，这个功能不仅起到了打分的作用，同时还起到了激励用户的作用。

很多唱得好的用户，不仅希望自己能唱得过瘾，还希望将自己唱完的歌分享给别人。针对这个问题，陈华为"唱吧"增加了分享的功能，让用户随时能把歌分享到自己的社交账号上。借助分享这个功能，"唱吧"软件的首轮传播进行得非常顺利。

就这样，原本唱歌跑调的陈华，硬是从问题出发，找到了很多突破口，将"唱吧"像模像样地经营了起来。"唱吧"推出后不久，不少类似的手机K歌软件出现了。此时的陈华不慌不忙，他觉得不同的竞争时段要采取不同的策略。"唱吧"刚刚上线的时候，很快就圈了一小批用户。此时，如果出现一个特别强的竞争对手，猛抓用户，很容易就把"唱吧"打趴下。

2012年，在面临竞争对手的时候，陈华常常站在对立面去思考：如果我是竞争对手，我要打败"唱吧"，我需要做什么？他觉得，竞争对手想要做的无非是吸引用户的眼球，那么，吸引用户就是"唱吧"的当务之急。

陈华给"唱吧"添加了各种各样的"堡垒"式便捷功能，比如增加自定义伴奏、可以合唱、可添加视频等等。这些"堡垒"一推出，用户很是拥戴，因为这些功能只有"唱吧"有，别的K歌软件一个也没有。

到了 2013 年，"唱吧"的用户量已经很大了，竞争对手被甩得很远。此时，陈华开始关注"唱吧"软件自身。"唱吧"经常出现闪退、功能设置不全等问题，他觉得很对不起用户。于是，陈华带领团队花了一整年的时间去补齐之前亏欠用户的"功能账"。

先"对外"再"对内"，"唱吧"被陈华打造成了一个"内外兼修"的软件，用户数越来越多。

最初，用户都是从线下往线上赶，后来，线下的趋势有所回暖。不过，因门店租金成本高等问题，此时传统的 KTV 出现了前所未有的倒闭潮。"唱吧"却在 2014 年 3 月入股麦颂 KTV，走向线下开实体店，推出互联网 +KTV 的新模式。

很多人不解：陈华究竟做何打算？原来，他有自己的独特想法。陈华觉得线上没有办法完全代替线下，好比人们不能因为有了网络就不交朋友一样。"唱吧"的众多用户在现实生活中都是狂热的 K 歌爱好者，他认为自己必须开辟线下道路。

另外，陈华发现传统的 KTV 有很多地方值得改进和创新，这些问题代表的恰恰是大把的机会。"唱吧"就抓住这些机会彻底革新，"唱吧"KTV 实体店附带有很多互联网的功能。用户在房间里唱歌，粉丝可以通过线上支付，给他现场送来花、送来酒水。用户在房间里唱的歌，轻按一键，就能像线上一样，把歌分享到社交平台。因为陈华的一系列创新，"唱吧"KTV 实体店可以互通有无，起到了连贯线上线下的重要作用。

最关键的是"唱吧"KTV 实体店的消费和传统 KTV 相比，价格要低很多。陈华凭什么把"唱吧"KTV 实体店的成本降下来呢？他把高成本的东西都砍掉了，比如厨房、大厅等等。用户想吃东西，"唱吧"KTV 实体店会给他链接各种各样的外卖软件，让他们自己随心所欲地去点。如今，已有 30 多家

"唱吧" KTV 实体店在全国开业。

　　看到陈华的事业如日中天，不少人问他成功的秘诀是什么。陈华说："现实生活中我们会遇到很多问题、很多困难，其实它们代表的都是机会。今天的雾霾很严重，那么解决雾霾问题就成为一个特别大的创新机会；医院排队很难，如何找出好的解决办法，也是很棒的机会。面对问题，如果我们只是绕过去，也许就会错失一次改变世界的机会，所以说，问题即机会。"

扎根向下，虚心向上——贝聿铭

钱 江

八十好几的贝聿铭和他的建筑一样令人心动、难以捉摸。

他擅长表达抽象的力量，在将才华变成建筑品质的神秘工作中，精致、抒情和美丽使他的建筑充满人性的光芒。

巴黎人骂了我两年

贝聿铭一生有七十多件建筑作品，他最得意的是在六十四岁时被邀请到法国巴黎参加卢浮宫重建。有人质疑：贝聿铭行吗？能承担得起这项重任吗？那个时候，贝聿铭面对的，是优越感极强的法国人。毕竟，卢浮宫是许多人向往的地方。

当时的法国总统密特朗选中贝聿铭时，法国人大吃一惊！儿子贝执中回忆说："当时法国人真是目瞪口呆，甚至恼羞成怒，大叫：怎么叫一个华人来修复我们最重要的建筑？贝聿铭会毁了巴黎！"法国的政客、建筑界人士也轮流起身攻击。贝聿铭说："我的翻译当时听得全身发抖，几乎没有办法替我翻译答辩的话。"

舆论方面总是批评居多。贝聿铭在巴黎参与重建卢浮宫的十四年，跟法国民众讨论谁来重建这个问题差不多就费了两年。

"普通人接受不接受，对我并不重要。批评是需要时间的，要过几十年再看。今天做了明天就说好不好，这样的评价我觉得没有价值。"

就这样，贝聿铭用表面上无所谓的态度，承受着他建筑生涯最严峻的考验。贝聿铭的助手说："我从不记得贝聿铭曾经沮丧过，他是一位非常冷静的人，每次看到他的时候，他都保持着那种独有的迷人微笑。"贝聿铭像许多了不起的人一样，总是淡定平和，而且不受外界强大压力的影响。

1988 年，喜欢争吵也喜欢意见一致的法国人接受了贝聿铭。那年 3 月，密特朗授予贝聿铭法国最高荣誉奖章。令法国人难堪的是：他们曾经极力反对的金字塔，成了每一个人的骄傲，因为贝聿铭把过去和现在的时代精神的距离，缩到了最小。

不学他喝酒，学他的建筑

在纽约，贝聿铭度过了他的大部分职业生涯。他长袖善舞、八面玲珑，与企业老板、艺术家和国家元首交情不浅，但他的内心世界不是西方人所能了解的。

贝聿铭 1917 年出生在苏州，父母给他起名"聿铭"，有光明的意思。

贝聿铭的父亲贝祖诒从美国大学毕业后投身中国银行会计部。贝聿铭 1927 年被送到上海青年会中学，掌握了流利的英文。

父亲建议贝聿铭从事金融业或者去学医，但父亲的经验使他很早就明白：银行家一直在承受压力，并不快乐。

国际饭店是当时远东最高的建筑，听说会盖二十六层，贝聿铭不敢相信，每周六都要去看着它往上冒，觉得太神奇了。

1935 年，贝聿铭到美国宾夕法尼亚大学学建筑，但该校古板的教学观念让他还没开学就离开了。在对绘画基础并不自信的情况下，他来到波士顿，报考了麻省理工学院的建筑工程学专业。系主任基于他绘画的基础，建议他重新考虑，但贝聿铭坚持自己的选择，从此没有回头。

当时，欧洲正兴起一种新的建筑风格，贝聿铭面对国际化的潮流，很难全部接受下来，因为他来自另一个截然不同的世界。在贝聿铭的学习过程中，哈佛大学的 Mreel 教授对他的影响极为深远，Mreel 认为光线对建筑是最重要的，他是太阳的崇拜者，认为太阳的光芒使得建筑有了生命。

Mreel 天生会喝酒，一杯接一杯，可以不吃任何东西。贝聿铭说："我没有学他喝酒，我学他的建筑。"

跟风水是有关系的

贝聿铭一生的七十多件作品无一例外地与金钱、权力和政治纠结在一起。他将外交手腕和独特的设计，混合运用在中银大厦、华盛顿国家艺术馆、法国巴黎卢浮宫等建筑上。

尽管有巴黎民众对卢浮宫改建的反对声浪和波士顿保险公司大楼窗户纷纷跌落街头的灾难事件，但这些并没有影响贝聿铭跻身全球最重要建筑师的行列。

香港，中国银行。

1926 年，贝聿铭的父亲曾经是这里的经理。贝聿铭试图使中银大厦的设计近乎纯真，一如他的童年。

因为建筑赋予人类尊严，它必须代表"中国人的雄心"。

"我还是个孩子的时候，在香港待过，和今天太不一样了。事实上，我最怀念的是当时咖啡豆的香气。"遗憾的是，贝聿铭的父亲去世时，连儿子设计的中银大厦模型照片也没有见到。

大楼竣工后，很多香港人说中银大厦像一把刀，关于风水的话题就此展开。贝聿铭承认他吸收了风水先生的一些说法：用水。高楼两旁都有水流下来。水是源，是财源，所以水到下面变成一个池子，池子养鱼，中国人认为就把财给蓄住了。

贝聿铭说，风水是很有道理的，你不能完全不信，中国人以前就说造房子要依山傍水，这个话是对的，朝南也是对的，所以很多建筑跟风水是有关系的。

给房地产商打工

20世纪40年代，贝聿铭的父亲让儿子学成回国，要建设和分享中国的未来，但日本入侵，中国正奋起抗日，贝聿铭失去了和家人的联系。后来，贝聿铭决定加入美国籍。这于他而言是一个困难的决定，也是一个痛苦的抉择。"我成了一个美国公民，有一个美国家庭。我的孩子都是美国人，他们也都是中国人。"

战后的美国纽约百废待兴，使贝聿铭无法安稳地站在哈佛的讲台上，他投身到快速发展的经济大潮中。但他做梦也没有想到，自己的第一份工作是为一位房地产商工作。这个开发商极端自负，以至于想满足他，你就得做出很特别的事情。贝聿铭和他是截然不同的人，但他们都拥有同样的梦想，当时城内最具创造性的建筑是一些廉价的房屋。1951年的华盛顿贫民窟，有的人住在破旧的屋子里，灰尘乱飞，水管也是露天铺设的……贝聿铭开始对民宅产生兴趣。

建民宅的那段时间，贝聿铭积累了工程建筑经验。不久，幸运的贝聿铭接到一个单子——国家大气研究中心，这是贝聿铭在事业上新的起点，也是贝聿铭一生中第一次与客户建立长久的、友好的私人关系。

美国公众人物

贝聿铭真正成为公众人物是在美国历史出现转折的时期。1963年，肯尼迪总统遇刺，修建肯尼迪图书馆成为总统家族的头等大事，他们邀请了世界知名的建筑师，这是一次前所未有的聚会，每个人都想得到这个机会。贝聿铭当时名气不大，只做过一些民居建筑，但也接到了邀请。

图书馆的馆址选在哈佛，花了十年时间，工程才得以完成。肯尼迪的夫人杰奎琳说，贝聿铭的唯美设计无人可比。

就在贝聿铭春风得意，人们开始关注他的作品的时候，他设计的波士顿保险公司大楼三分之一的窗户被风吹落，散落在整个街道。

批评和责难蜂拥而至，贝聿铭几乎被推到悬崖边上，尽管他努力证明自己的清白。

七年以后，门窗公司也对这件事情做了了结，但对贝聿铭及其家人的伤害已经造成。贝聿铭说："那次事故以后，他们都怕见我。"

就在贝聿铭招来骂名的时候，华盛顿的国家艺术馆迎来了它的落成之日……贝聿铭在美国的生活就这样起起伏伏。他喜欢和青年人在一起，和青年人在一起，他自己似乎也变得年轻了许多。

贝聿铭一生钟爱音乐，他把自己的建筑比作巴赫的音乐。美国的达拉斯拥有一流的交响乐团，却没有一座真正的音乐厅。贝聿铭正想造一个音乐厅，双方一拍即合。贝聿铭用环形结构创造空间，一旦你开始走动，整个空间也开始移动，让人们忘记白天的琐事，进入另一个时空。贝聿铭用这种设计来放松人们的精神，这里头他运用了中国园林里"移步换景"的方法。

第一次回到祖国，贝聿铭设计的作品就是香山饭店，他想通过建筑来报答养育自己的祖国，协助中国建筑界探索出一条新路。他想发扬一般人都能了解的特色——不是迂腐的宫殿，而是寻常人家的白墙灰砖。他相信这绝不是过去的遗迹，而是告知现在的力量。

在美国，移民一般都会迷失在不同的文化中，最后找不到真正的归宿，只有中国人例外。身为一个文化缝隙中的优雅摆渡者，贝聿铭兼收并蓄。他吸收西方最先锋的事物，同时又不放弃本身丰富的传统。

他的建筑像竹子，比如中银大厦；他自己也像竹子，再大的风雨，也只是弯弯腰而已。

贝聿铭把每个醒后的早晨都当成一件礼物，因为这表示还有一天可以工作，而且他只做自己认为漂亮的事。在纽约，人们常常看到建筑大师贝聿铭像青年人一样，敏捷地冲过第57街，赶着回家。

"天才少年"的自律法则——曹原

齐菠萝

2018 年 12 月 18 日，世界顶尖学术期刊《自然》发布了"2018 年度科学人物"，1996 年出生、在美国麻省理工学院攻读博士的中国学生曹原位居榜首；2018 年 3 月，该杂志罕见地刊载了两篇有关石墨烯超导重大发现的文章，而这两篇文章的第一作者都是曹原。

这是《自然》杂志 149 年历史上的首次，曹原也成为以"第一作者"身份在该杂志上发表论文的最年轻的中国学者。

一时间，全世界惊叹：曹原是谁？他到底有多牛？

轰动世界的"石墨烯驾驭者"

2017 年，曹原和他的团队发现，当两层平行石墨烯堆成约 $1.1°$ 的微妙角度（魔角），就会产生以零电阻传输电子的神奇超导效应。这种用石墨烯实现超导的方法，开创了物理学一个全新的研究领域，有望大大提高能源的利用效率与传输效率。

《自然》于 2018 年 3 月 5 日刊发的两篇文中提到，曹原团队在魔角扭曲的双层石墨烯中发现了新的电子态，可以简单实现从绝缘体到超导体的转变，打开了非常规超导体研究的大门。这一重磅消息瞬间引爆全球，该杂志称曹原为"石墨烯驾驭者"。

众所周知，从发电站到用户的传送过程中，能量是有损耗的，而且损耗量巨大。1911年，荷兰物理学家昂内斯发现，当汞被冷却至4.2K（-268.95℃）以下时，电子可以通行无"阻"，从而将能源损耗降到最低。这个"零电阻状态"被称为"超导电性"。

但问题是，超导体要在4.2K以下的环境中才能显现其近乎零损耗的输电能力，而其中的冷却成本高得让人绝望。于是，全世界的科学家开始了各种实验，去寻找低成本超导材料。"物理学家已经在黑暗中徘徊了三十年，试图解开铜氧化物超导的秘密……"如今，中国青年曹原，成了照亮黑暗的那盏明灯。

然而，研究过程最初并不顺利。实验中最困难的地方在于，如何将两层石墨烯之间的转角精确地控制在1.1°附近。在经历了一次又一次的失败后，曹原依旧信心满满地说："实验失败是家常便饭，心态平和地对待失败就没什么压力了。吃一堑长一智，做得多了，慢慢有经验了，难题自然就攻克了。"

之后的半年多时间里，他夜以继日地待在实验室，在克服了样品无法承受高热、机械部件有滞留回差等重重困难后，震惊世界的石墨烯传导实验终于成功了。

"我并不特别"

1996年，曹原出生在成都，3岁多时随父母去了深圳。在深圳景秀小学读书时，往往老师刚说出题目，曹原就喊出答案。"我那时经常接嘴、插嘴或者和老师顶嘴。"曹原不觉得自己比同龄人聪明多少。他说："我只是比较爱读科技类的课外书，像《科学探索者》，我前前后后翻了好多遍，为我现在的知识面打下了很好的基础。我现在的动手能力，也得益于小时候常在家捣鼓电子电路和化学实验的经历。"

小学六年级时，曹原转入深圳市耀华实验学校。在这里，他更加放飞自我：课桌、椅子、黑板都没能逃过他的"毒手"，甚至连老师的讲台都被他拆了；他在学校搞了个实验室，还在家里弄了个实验室。当时做实验所需的硝酸银很贵，也很难买到，他就买来了硝酸，偷偷地把妈妈的银镯子放进去，人工合成了硝酸银。

这些事惊动了校长，校长非但没有责怪他，反而连连称赞："这孩子是个好苗子，是个天才！"并当即决定把他送进少年班，接受"超常教育"。

2009 年 9 月，13 岁的曹原考上了高中。那时学业繁忙，每天放学回家常常超过 22 点了，但他还要花一个多小时捣鼓各种化学试剂。

"在学习中，重要的不是老师，也不是特别的教材与习题，而是自己愿意钻研的学习兴趣，以及善于钻研的自学能力。"曹原回忆说。

第二年，14 岁的曹原提前参加高考，以 669 分的成绩考入中国科技大学少年班，并入选"严济慈物理英才班"。

天才辈出的中科大少年班竞争激烈，曹原却在其中如鱼得水。他经常穿梭于各大教授的办公室，一脸认真地逐一去请教，还时不时提出一些刁钻古怪的问题。2012 年，曹原被选为首批交流生赴密歇根大学学习；2013 年 6 月又被牛津大学选中，受邀参加为期两个月的科研实践；2014 年，曹原从中科大毕业时获得了该校本科生的最高荣誉奖——郭沫若奖学金。之后，他前往美国攻读博士学位。

《自然》杂志说，曹原认为自己"并不特别"。毕竟，他在大学里还是待满了四年，他说："我只是跳过了中学里面一些无聊的东西。"

星空下的安静少年

脸上带着稚气的曹原，被网友誉为"科学大神"。但麻省理工学院的导师觉得，曹原在内心深处是个"修补匠"，喜欢把东西拆开重装。"每次我进他的办公室，里面都是乱糟糟的，桌上堆满了计算机和自制望远镜的零件。"

有趣的是，除了专注于枯燥的学术研究，曹原还是个很懂生活情调的人。闲暇时，他喜欢和朋友一起四处旅行。

他特别喜欢看奥地利魔术大师表演的魔术，有时为了看一场表演，甚至会直接飞去维也纳。与简单的"变戏法"不同，欧洲魔术师非常注重艺术效果，会用奇思妙想的创意、行云流水的表演，甚至高科技 AR 技术，将观众卷入一场奇幻之旅。

曹原说，魔术所有的"不可思议"都是以科学原理为支撑的，因而魔术师在物理、化学、生物等方面都需要积累一定的知识，这样创作出的作品才会令人耳目一新。

还有朋友开玩笑说，曹原成了一名"科学大神"，世界上却少了一位"超级厨神"。原来，从小就嘴馋的他，不仅热爱美食，高兴时还会到超市采购各种食材，亲自下厨，做清蒸鱼、烧茄子、爆炒肚片等一桌子色香味俱全的菜肴，让同事们大饱口福。

曹原还经常在朋友圈发天文观测的照片。他喜欢天文摄影，工作之余会通过天文摄影来进行自我调节。"仰望星空总是能让我安静下来。天文摄影涉及包括光学、精密机械、电子电路、嵌入式程序等在内的多方面科学技术，折腾这些东西，都是我的兴趣。"

对于自己的"学霸"成长经历和取得的成就，曹原保持着平和的心态。面对世界给予他的殊荣，他只说了一句简单的话："一个扎实走好每一步、过好每一天的人，他的未来一定不会太差。"

执着的人改变命运

林 雅

几年前，一幅用油性笔画的 30 米长卷，既没有主题，也不是名家之作，却有人要花 20 万元买下它，竟还被拒绝。

拒绝的人，是中央美术学院食堂的一个服务员，也是这幅画的作者。

关于这位食堂里的画家，很多人说她是天才。她 15 岁辍学后开始打工，30 岁才拿起画笔，没有接受过任何专业训练，竟然画出了令人惊叹的画。

除了吃饭、睡觉、工作，她可以将其他所有的时间都用来画画；文化程度并不高的她，却学着看书、读诗、逛展览，只是因为被艺术吸引。

她勇敢地面对他人的嘲笑、社会的压力，仰着头一脸倔强地说："我的梦想是画好每一幅画。"

一

她叫汪化（本名季红燕），是一名画家。1981 年，她出生在福建省浦城县一个山清水秀的小山村，父母都是地道的农民。

因为贫穷，家里连她每年的学费都很难凑齐，而她也自认为不是读书的料，15 岁时就辍学了。

为了多赚点钱改善家里的条件，她决定外出打工。

她起先在福州落脚，第一份工作是做保姆，但因为完全不知道怎么带小孩儿，很快被雇主解聘。于是她又找了一份售货员的工作，因为算不清楚账，老板将她辞退。后来，她又去餐馆当服务员，这个工作只要会点菜、迎宾就可以了，但她做事不麻利，还会打碎盘子，所以干了不久又被开除了。

就这样，汪化先后辗转于福州、广州、深圳等地，浑浑噩噩到了28岁，还一事无成。

"我像在烂泥中游来游去，找不到生命的出口。"汪化说。

十多年来，她像一个漂泊者，边打工边流浪，一直在寻找自己可以做的事，但一直没有找到。她本想随随便便找个人嫁了，但没嫁出去，于是又漂到了上海。

有一天，她在街头的一个地摊上，看到一本《美国纽约摄影学院摄影教材》。书中细腻生动的照片吸引着她，她把这本书买了回去。

有一天，她心血来潮，对着书中一个漂亮的女孩画了起来，结果她发现，自己画得比照片本身还要美。可是她从未学过画画啊。更重要的是，那种自由落笔的酣畅感是她从未体验过的，原来画画可以让人这么直接地表达自己的感受。

于是，她一边晃荡，一边在小本子上画画，从此一发不可收。

二

画画像汪化找到的一根救命稻草，一旦抓住，运气就来了。

她那在内心积累多年的巨大能量，似乎被一下子唤醒，反映在那朴实的线条上，时而气势磅礴，时而柔情似水。

她可以把世间万物都看成一条线。她握着笔随意地游走，脑子里却思考着自己。

不过，虽然汪化在绘画里找到了自己，但她还不确定是不是真能走这条路。她什么都不懂，只是埋着头将所有的理想都画在纸上。

于是，在 2012 年，汪化借了 3000 元，来到北京。

到北京没几天，她就去参观中央美术学院。从图书馆旁边的书店出来，她就下定决心，就算打扫卫生也要留在这里。

她打听到食堂或许有事情可做，就去跟食堂的经理说："我不要工资，只要有饭吃，有地方住就可以了，因为我想有自己画画的时间。"

许是她有当服务员的经历，经理答应让她留下来。虽然上班时间是早上 6 点到下午 2 点，但她只用工作 3 个小时，一个月还有 1000 元的收入。

她在学校附近租下一间简陋的地下室。要到达这间地下室，得经过一条长长的甬道，甬道两边还有很多租客的房间，她要走一段路才行。

虽然环境差，但一个月房租只要 200 元。她"躲"在这个别人发现不了的地方，倾听着上面嘈杂的声音，感觉也很美好。

每天晚上是她最快乐的时光，因为可以尽情地作画。她喜欢画长卷，"小的画还没进入状态就完成了"。

画画时，她和她的画似乎融为一体。她从不构思，想怎么画就怎么画，画到哪儿是哪儿，"就好像生命的活力在那儿一样"。那种感觉，就像夜晚不再只有黑暗，还有星河静静围绕在身边。

而当黎明来临，她又穿上食堂的制服，提着热水壶，钻出地下室，穿过昏暗的甬道，来到地面，大口大口地呼吸着新鲜的空气，然后开始一天的工作。

准备食材、擦桌子、拖地……汪化觉得很有成就感，因为她和同事的努力，大家可以在一个很干净的环境中吃饭。

忙完手头的工作，她有时会到下了课的空教室画画，身旁常有学生驻足，他们惊叹她画得真好。这让她很满足。

有一次，她正在黑板上忘我地画画，一位教室管理员突然走进来，问："你在这儿干吗呢？你是谁？"

汪化有点不好意思地回答："我是食堂的服务员。"

她争取来几个小时的画画时间，但管理员快下班时又来催她离开。此时，整个黑板已经被她画满了线条，她请管理员欣赏，但管理员看不懂，她解释说："我画的是我世界里的好多东西，讲都讲不完。我把我的想象描绘了出来。"

说这些的时候，她很兴奋，但很快就又沮丧了。"你是第一个观众，也是最后一个。"她说完，把画擦掉，然后逃出了教室。

汪化对画画的痴迷还不止于此。暑假时，她可以一个月不出地下室，因为喜欢喝粥，每天就煮粥吃。甚至吃饭这件事对她来说有时都是一种莫大的痛苦。她说："生命太紧促了，不足以让我把所有想画的东西画出来。"

她几乎是伏在画卷上画画，累了就睡觉，醒了继续画，就好像她是为那张纸服务的。

三

在食堂工作了两个月之后，汪化的画被中央美术学院的一个学生发在微博上。当晚，这条微博被转发 3000 多次，很多人都被汪化独特的线描画法震撼，于是，越来越多的人知道，中央美术学院的食堂有个服务员，画得一手好画。

2012 年 10 月，汪化被学生引荐给教油画的袁运生教授。袁教授看了她的画很激动，从下午 4 点一直欣赏到晚上 8 点。

他说自己教书这么多年，从来没有遇见过这样独特的学生。"很有才华，而且这种才华不是靠专业训练能得来的。"

汪化感动得哭了，用手胡乱地在脸上擦着，嘴里一直说着："谢谢，谢谢。"

她怎么也没有想到，自己热爱的画作，在一般人眼里是涂鸦，但竟得到了著名画家的肯定。更让她受宠若惊的是，在场的一位策展人提议，要给她办一场画展，但她连忙拒绝了。她觉得自己画得不够好，还没画出她心中理想的画，而且她不想过早地让自己的画与商业活动产生关联。

朋友很不理解她，觉得她是一根筋。争论了一番，朋友问她："你快乐吗？"

她回答："我痛苦并快乐着，痛苦是因为现实问题，快乐是因为我的内心能感受到真正的乐趣。我觉得我过得很好，真的找到了幸福，但是周围的人都觉得我过得惨不忍睹，怎么可能呢？"

比起经济条件的改善，汪化此时觉得自己更需要画画技法上的突破。她要超越自己，从而使得绘画在结构和思想上有一个很大的改变。

画画似乎一直指引着汪化一步步向前。2014 年年底，策展人刘亦嫄一眼就看出汪化画中的生命力。了解汪化的经历之后，刘亦嫄引荐她去了单向街书店。

那天，书店创始人许知远正巧在店里，他看了汪化的画之后非常震惊，说她的画"充满了神秘的诱惑，描绘的是一个我无法理解的世界"。于是，许知远邀请她到店里做"驻店画家"。

那时，汪化住的地下室即将被封闭，她考虑了一番后，答应许知远驻店作画。她在那里唯一的工作就是画画，薪资比在食堂时高出很多。

她每天坐在那里，就像一根柱子，一年四季，在同一个位置，面朝同一个方向，手里拿着一根笔芯，从上午 10 点一直画到深夜。画画时，几乎没有什么能干扰她。

在谋得更好发展的同时，汪化对自己仍有清楚的认知。她画画的目的是丰富自己的精神世界，然后把自己的生命转化成一朵小小的花。

"能被别人看到已经特别幸运了，如果没有人看到也无关紧要，因为你已经在心里希望这世界更美。"汪化说。

四

汪化只有一个梦想——有一天，她能将自己想象中的那个"天堂"，完美地呈现出来。这也是她生命最大的意义。

但袁运生教授用自己的人生经历劝导她，艺术家不应该放弃世俗生活。

汪化清楚地知道，自己的梦想是画好每一幅画。

她没办法说服自己去过完全没有绘画的生活。不过她已经同意在艺术展上展出几幅画，并将其作品收录到画册中。一家艺术馆更是以 15 万元的高价，收藏了其中一幅。

她开始认识新的朋友，参加深夜读书会。她对自己的画也更加有信心，"只要真情流露，哪怕不是很绚丽，也会让人有所触动"。

后来她办了很多展览，她的作品相继被中国、荷兰、美国、西班牙的艺术机构及个人收藏。她出名了，周围的人也想当然地认为她有钱了，但事实并不是这样。她将因画画而获得的大部分收入捐了出去，自己依然清贫。

汪化知道没有钱就没办法生存，但比起物欲上的满足，她更珍惜自己的精神世界。她说："如果物质会影响到我的精神世界的话，我会拒绝，我不想承担这样的风险。"

因为画画，是她的全部生命。

人生永远没有太晚的开始

荞麦青青

在戏剧界之外，陈薪伊的名字或许鲜为人知；但在业界，陈薪伊是一位令人仰望的人物。作为一级导演、"国家有突出贡献话剧艺术家"，她导演的作品涉及话剧、歌剧、京剧等多个剧种，14次荣获我国专业舞台艺术领域的政府最高奖——文华奖，她的代表作串联起了中国戏剧40多年的发展历程。

真正的桂冠从来都是荆棘织就的，令人于风雪险途中，历万难而得之。

人生如戏

1996年，陈薪伊导演了话剧《商鞅》。从奴隶到商君，从"会说话的牲口"到"大写的人"，商鞅的抗争精神代表着无数人"逆天改命"的顽强努力。20多年过去，《商鞅》仍是上海话剧艺术中心的保留剧目之一。

"我在商鞅身上注入了我的血液。我和商鞅一样不安分，不愿被命运戏弄。"但实际上，出生伊始，陈薪伊就成了一个"被命运戏弄的人"。

在陈薪伊出生不久，她的生母就离开了家。养母的陪伴与教育，给了陈薪伊最初的艺术启蒙。她的养母毕业于河南第一所女子大学，经常给她读《红楼梦》和《洪波曲》，陈薪伊因此小小年纪就喜欢上了文学。

1951 年，只有 13 岁的陈薪伊考上了西北戏曲研究院，开始了自己的舞台生涯。最初，陈薪伊学习的是秦腔，她的扮相、身段都不错，奈何嗓音条件欠佳，这个短板让她信心尽失。当得知陕西省要组建话剧团时，她不禁欣喜若狂。后来，作为话剧演员的陈薪伊闯出了一番天地。

那时，她住在单位宿舍里。领导安排陈薪伊和一名带着孩子的女演员同住。朝夕相处几年后，陈薪伊意外发现，那名舍友竟然就是她的生母。"是不是无巧不成书？就是老天爷也得给我安排一点戏剧性的人生，让我高兴高兴。"

在话剧表演道路上不断精进的陈薪伊，一心想去中央戏剧学院。"我去报名，科室主任找我谈话，说我没有资格报名。"

梦想难以实现，但她坎坷的人生，终究等到了阳光倾泻而下的那一天。1978 年，朋友寄给陈薪伊一份中央戏剧学院的招生简章，上面写着八个大字："不拘一格，择优录取。"

那一年，她已经 40 岁了，压着年龄限制的线，被中央戏剧学院"导演干部进修班"录取，开始了从演员转变为导演的历程。

她整天泡在中央戏剧学院的图书馆里埋头苦读，总是最后一个离开图书馆。毕业后，她放弃留校，回到陕西人民艺术剧院。丰富的演艺经历，让她的导演事业水到渠成。

陈薪伊回忆："在陕西人民艺术剧院做导演的时候，最困难的就是没有舞台。一次演出前，我们去华山机械厂考察，我到现在还清楚地记得那个厂的名字，因为那个厂里居然有一个很漂亮的舞台。我一看到那个舞台，就忍不住哭了。副导演问我怎么了，我说，我们为什么无法拥有这样一个舞台呢？"

即便条件那样艰苦，也无法动摇陈薪伊将戏排演好的决心。

"戏剧是我的信仰"

从第一部戏开始，她就下决心要打造经典作品。作为导演，她希望用自己的视角和生命体验来解读剧本、呈现剧本。

1986 年，陈薪伊导演的《奥赛罗》在中国第一届莎士比亚戏剧节上一举夺冠。同年，该剧在上海展演，场场爆满，一票难求，成为上海戏剧界多年未见的盛况。

自此，陈薪伊作为戏剧导演声名大噪。歌剧《赌命》《图兰朵》《巫山神女》，话剧《白居易在长安》《红楼梦》《雷雨》……超过 150 部作品经她的执导而焕发光彩。在陈薪伊看来，戏剧的本质就是在剧场中探索生命的意义，并用他人的生命来对照自己的生命。于她而言，戏剧是一种信仰。

为了给剧中人物留下沉甸甸的"生命档案"，她愿披肝沥胆、穷搜博采。为了排好《白居易在长安》，陈薪伊研究了全唐史，读了白居易几乎所有的诗。筹备《图兰朵》时，她反复阅读这部经典之作的四个译本，领悟到普契尼对人性的诠释是多么伟大，在此基础上，她增设了两个有助于观众理解主人公的人物。

陈薪伊接触过很多古代题材的戏剧，但她的思路绝不会停留在剧本上和"故纸堆"中。导戏之前，她总要到故事发生的地点与人物进行跨时空的对话，思接千载。

她曾去汉江边，追寻蔡伦的足迹，遥想他当年喝下毒药时的决绝；她曾到西夏王陵，念着李元昊的名字，在贺兰山下坐到残阳如血。

有一年，她执导京剧《贞观盛事》。剧中的主要人物除了"贞观之治"的开创者唐太宗，谏臣魏徵同样颇具分量。排演前，陈薪伊独自去昭陵采风。昭陵埋葬着唐太宗李世民与文德皇后长孙氏，周围还有 180 余座陪葬墓，莽莽苍苍，气象庄严。但她找来找去，都没有找到魏徵的墓。

于是，她向当地派出所求助。所长骑着一辆老旧的三轮摩托车，载着她一路颠簸，驶向一个偏远的山头。直至入夜时分，她终于见到了一代名相的墓。那一刻，她泪如雨下：魏徵的墓建在山巅，与另一座山峰上的唐太宗陵墓遥遥相对。月华如水，映照古今。生前，他们君臣联手，共创大唐盛世；死后，他们依然站在同一个高度，彼此守望。

她对自己说："我一定要创作一段二重唱，唱他们的君臣相得，唱盛唐的日月同辉！"《贞观盛事》上演后好评如潮，获得了第三届中国京剧节金奖，成为国家舞台艺术精品工程（2002—2003年度）"十大精品剧目"之一。

她在戏里塑造过很多俊杰的形象，被问及原因，她的回答是"这个时代需要巨人"。锐意变法却惨遭屠戮的商鞅、开辟了"丝绸之路"的张骞、以身殉国的邓世昌、"中国肝脏外科之父"吴孟超、"敦煌的女儿"樊锦诗……这些被她生动呈现出的"巨人"皆传递出撼动人心的力量，成为舞台上熠熠生辉的形象。

2022年7月，年度大戏《威尼斯商人》正在进行紧张的排练。置身于一群年轻人当中，头发花白的陈薪伊像一根定海神针。

她看上去和蔼可亲，但她视线所及之处，仿佛能卷起万千波澜。每个演员的举手投足、一颦一笑，都逃不过她的"火眼金睛"。鲍西亚的扮演者何卿谈到陈薪伊："她不是那种只挂一个总导演名号，把事情都交给别人做的人。她每天都会在现场指导调度，剧本中的每一个标点符号都亲自去推敲。"

在导戏过程中，陈薪伊精益求精地斟酌着每一个字、每一句话，甚至连语气助词的声调，她都要一一指导。2020年排练《龙亭侯蔡伦》时，她亲自示范表演："让天下人皆识蔡侯纸！让天下人皆识蔡侯纸……"高声言罢，她的眼泪应声而下。

为了专心导戏，她放弃了一些在世俗意义上很重要的东西。她说："人生太短暂，而人的精力有限，我只能将时间花在最热爱的事情上。"

"生命真的很有意思"

60 岁时，陈薪伊听说上海建成了全国第一座国际性现代化大剧院，于是毅然南下，落脚沪上。这几年，她成立的艺术中心好戏不断。

在陈薪伊导演的戏中，人们总是能从那些壮怀激烈的牺牲里，在浓稠如墨的悲怆里，看到那些无法泯灭的光亮。"最悲哀的事情就是当你处于逆境时，没有人为你说话，这是我自己有过很多次的生命体验。我认为，戏剧就应该挖掘人性中这些脆弱的东西。"

2020 年 6 月，82 岁的陈薪伊重新站上了舞台。她拿着准备了数夜的演讲稿，因为激动，双手微微颤抖。"我要用三部戏剧作品，抚慰经历过疫情的观众。要知道，疫病无法打败人类。莎士比亚出生那年，他的家乡就爆发了瘟疫，多年后，他又在'瘟疫隔离期'写出了《李尔王》。"

她希望用戏剧重振人们的精神世界，从历史人物身上，从悲剧英雄身上，找到人类在战胜苦难

时迸发出的生生不息的力量。她说："作为导演，我的职责是用导演思维推动社会前进，用我导演的戏兼济天下。"

2021年，《商鞅》在曾经首演的剧场再次拉开大幕，时隔25年，依然有人为商鞅落泪。谢幕时，精神矍铄的陈薪伊走上舞台。她声音洪亮，充满了底气："人一定要珍视自己生命的力量，我刚刚做完癌症手术，想告诉大家要把握好自己的生命。"话音刚落，台下掌声雷动。

在几十年的戏剧生涯中，她导演了那么多悲情的大戏，但并不想将自己的生命基调定为"苦情"二字。

朋友得知陈薪伊身患癌症后，皆流露遗憾与惋惜之情，陈薪伊却一笑置之。她一生坎坷，却对一切遭遇安之若素，并愿意和年轻人分享自己的信念："每个人的出生都不容易，千万不要辜负自己的生命。"

陈薪伊13岁登台，如今，70多年过去了，她几乎在舞台上安营扎寨了一辈子。她说，即便有一天自己再也没有力气执导了，也要到排练厅看着她的学生导戏。

她从来不觉得工作是一件苦差事，她在舞台上找到了最大的快乐与享受。谈及未来，她信心十足："我计划怎么也得活过100岁。生命真的很有意思，希望你们与我一样，活出自己的传奇。"

一个人能活得如此恣肆飞扬、大开大合，真是一件特别过瘾的事情。兴尽至此，在陈薪伊看来，任何时候离开这个世界都不遗憾。

我要扼住命运的咽喉

——"微光女孩"周芷晴

李多米

普通学生考上"985工程"高校的难度，都无异于"千军万马过独木桥"，而被称为"微光女孩"的江苏女孩周芷晴，却在左眼完全失明，右眼视力只有0.1的情况下，和正常人一样学习、一样参加高考，最终以407分（江苏高考总分480分）的高分，考上了很多人心目中的高等学府——中国人民大学。

成绩公布的当天，连学校校长都哭了："我不敢相信她的力量，我敬佩她不服输的精神！"

"马赛克"的世界

4岁时，周芷晴告诉父母，眼睛前面好像蒙了一层雾，怎么揉也揉不开。父母这才发现女儿的左眼球上好像长了一个白斑，去医院检查确诊为白内障。父母马上带她辗转全国各地求医，小小年纪的她，动了十几次手术，都收效甚微。6岁那年，她左眼球萎缩失明，右眼视力仅0.1，几近失明，这给周芷晴的学习和生活都带来了很大的不便。

在日常生活中，周芷晴即使戴上眼镜，也不能维持正常生活。如果有人问路，她看不清路牌，没法指路；遇到人打招呼，她也基本上认不出对面的人是谁，只能尴尬一笑；有时候想到奶茶店去点杯奶茶，因为招牌挂得比较高也看不清，没办法向店员准确说出自己的需求……

周芷晴的父母曾经动过把她送去特殊学校的念头，但特殊学校的老师一句话点醒了他们："不要把你们的女儿特殊化，她就是一个正常人。"正是这句话，改变了周芷晴父母的育儿观念，"女儿的身体残疾了，不能让她的心灵再残疾"。他们选择让女儿在普通学校读书，跟普通孩子一样拥有正常的求学环境。

即使进入了普通学校，学习的困难却是真真切切的。还好周芷晴的三个小伙伴，在课堂上一路陪伴着她，它们分别是放大镜、望远镜和台灯，是她跟普通人一样汲取知识的"秘密武器"。

放大镜主要用在近距离写作业、阅读、看书等方面，周芷晴必须用放大镜将字放大后，才能进行阅读。望远镜用来看黑板，老师讲课时，周芷晴便把望远镜举起来，来看老师在黑板上的板书。这一举往往便是四十五分钟，经常一节课下来，周芷晴的手臂都酸痛不已。台灯，则主要运用在晚自习的时候，视弱的她需要用台灯来补光。

她看书和做作业的速度很慢，同样的学习内容，她往往要比其他同学多花出一倍的时间。同时，为了保护好右眼，她常常需要一边学习一边休息，所以耽误的时间也就更多了。所以，在别人休息时，她会继续如饥似渴地学习，只为了不落下课程。无论条件如何困难，周芷晴都从来没有想过放弃，反而更加珍惜学习的时光。

"我只是视力差一点"

虽然身体残疾，但周芷晴一直都是个乐观的女孩。在她看来，现在近视的人那么多，自己也只是视力差一点而已。因为拿着望远镜，周芷晴的眼睛不能及时跟上老师的板书速度，她就要求自己务必要专注，强迫自己"过目不忘"，这竟然慢慢锻炼了她惊人的记忆力。

在学习之外，周芷晴也是个跟大家差不多的小女孩，她跟其他同学一样，每一门课程都会参加，体育课、美术课都没有落下。课程之外，她喜欢安静看书，还会创作诗词。除此之外，她还学习了钢琴、绘画和尤克里里。这些都给她的生活增添了乐趣，成为学习之余的"调味剂"。

她在班里也非常开朗，跟同学们打成了一片，忙里偷闲的时候，也会跟同学们聊聊八卦、新闻，还会和女同学们一起追星、吃零食和喝奶茶。如果不是她上课举着望远镜，很多人都不知道这个开朗的女孩子竟然求学条件这么艰难，因此对她的敬佩也加深了一层。

她从未抱怨过现实的不如意，在媒体的采访报道里，她总是挂着盈盈笑意，"这并不能阻止我去学习，这并不算是一种障碍"。

"微光"照亮前行路

有一些身体健全的人，虽然有远大的梦想，但要么遇到挫折就怨天尤人，要么意志力不坚定，有不如意就放弃梦想，甚至还自怨自艾、自我沉沦。很多时候，其实困难并不可怕，可怕的是自己打败了自己。

而身体残疾的周芷晴，面对生理上的缺陷却没有抱怨、没有懊恼，而是心怀感恩，默默地鼓励自己。对知识的渴求、对梦想的追求还有父母的引导，都是让周芷晴能够保持乐观且全身心逐梦的关键。

高考成绩出来后，语文 126 分，数学 140 分，数学附加 39 分，英语 97

分，小高考 5 分。她取得了理科 407 分的高分，整整比当年的一本线高出了 62 分。

只有一路陪伴周芷晴的人才能懂，从残疾人到"985"高等学府，周芷晴到底吃了多少常人不能吃的苦，而周芷晴从未有过沮丧的时刻。她的语文老师提起她，总是一脸疼惜："我们很多人都容易放大自身的痛苦，觉得自己很努力、很努力。这个孩子明明付出了很多，但总是云淡风轻。"

父母把周芷晴送到学校之后，便按照她的要求返回了家乡，没有留在身边照顾她。在大学期间，周芷晴认真学习，依据自己的情况参加社团活动，这个乐观坚强的女孩一直前行在追梦的路上。

要有胆量，才能生活得自如

杨 梅

《宋史》记载，樊若水是南唐时期一名普通的书生。当时南唐政治腐败，民生凋敝，像樊若水这样胸有鸿鹄之志的人不被任用，连进士都考不上，他非常郁闷。他听说崛起于北方的赵匡胤有雄才大略，正招贤纳士，便产生了投奔的想法。

数月之后，樊若水抛家舍业，跋山涉水，一口气跑到大宋都城开封，然后直接向皇宫里递送了一封自荐信。读了自荐信的赵匡胤，竟仰天大笑，高呼一声："南唐李煜小儿，已尽入我袋中。"又当着文武百官的面拍板："人才难得，此人重用！"

而樊若水的人生，也就此飞黄腾达——先被特许参加进士考试，然后官至舒州军事推官，到任不久，又升任太子右赞善大夫。

樊若水的平步青云招来了其他官员的羡慕和忌妒，一封封弹劾批评的奏章呈上了赵匡胤的案头。

开宝八年（975年）十一月，大宋军队在樊若水的指挥下势如破竹，越过长江天堑，直捣黄龙，俘虏了南唐国主李煜。

原来，当樊若水决定投奔后，他就想给赵匡胤送上一份不同凡响的见面

147

礼。经过深思熟虑，他认为大宋之所以长期攻不下南唐，绝不是军事原因，浩荡的长江屏障才是宋军最大的障碍。樊若水颇懂兵法，也读过不少有关地理和水利的典籍，加上他长期生活在长江边，对长江的渡口、关卡、要塞等都了如指掌，便决定帮赵匡胤架一座浮桥。

在那个年代，要想在广阔的江面上架设一座浮桥，并不是一件容易的事。除了要有技术，还要有充分的物质保障。其中最关键的是，要得出江面的准确宽度，才能有针对性地准备架桥的物资，并在岸边搭建浮桥的固定设施。为掩人耳目，方便勘察测量，樊若水经人介绍，到具有地理优势的广济寺，当起了和尚。

一有机会，他便来到牛渚矶边察看地形，并暗自绘下图纸，标上记号。为了得到长江水面宽度的准确数字，他经常以垂钓为名，划着小船，带上长长的丝绳，在采石江面上不知疲惫地往返数月，反复测量。

为了给将要建造的浮桥做好固定，樊若水又向广济寺捐献了一大笔钱，建议寺庙用这笔钱在牛渚山临江处凿出一个个石洞，供奉佛像，名义上是保佑过往船只平安，实则是为宋军日后渡江做好准备。

他"请造浮梁以济师"的计策和精心绘制的堪称人类桥梁工程学新纪元的技术报告《横江图说》，令宋太祖惊叹。书信上不但有详细的施工规划与精巧的设计，就连采石江面上的水纹深浅都有标注。几乎每个字，都是他冒死在江面上往返勘测得来的。樊若水也因此被称为"中国历史上第一座长江大桥的发明者和缔造者"。

低谷是花开的伏笔

天山月

她1岁多失明，7次病危，却活出了10倍人生。她从盲校走向世界名校，从田径赛道走向音乐殿堂，又在文学创作中绽放光芒。

她的名字，叫吴晶。有人说，吴晶是中国的海伦·凯勒，但她的人生比海伦·凯勒的更精彩。她说："人生是一次经历，我们可以顺其自然，也可以创造奇迹。"

从乡村盲童到田径冠军

1986年，吴晶出生在江苏泰兴一个普通农村家庭。见女儿有一双小鹿般活泼灵动的大眼睛，父母特意为她取名"晶"。然而就在1988年，1岁多的吴晶不幸患上了视网膜母细胞瘤。

父母为此倾尽所有，带她四处求医。奈何病情发展太快，在万般无奈之下，父母为女儿做出了一个痛苦的选择——放弃双眼，保全性命。

就这样，吴晶的世界陷入了无边的黑暗。在家乡的田间地头上，吴晶用双手感知和触摸着世界，就这样跌跌撞撞地长到5岁。到了该上学的年纪，家附近却没有一家幼儿园愿意接收吴晶，最后父母只得将她送入离家200公里远的扬州市聋哑寄宿学校。

入学第一天，吴晶就被同学叫"小瞎子"。由于不善言辞，吴晶不知该如何应对。她经常躲在被子里偷偷哭泣，用眼泪来宣泄自己的委屈和不甘。除了承受来自同学的恶意，年仅 7 岁的吴晶还要面对来自日常生活的巨大挑战，自己摸索着洗衣服、铺床单、收拾物品、搞卫生。有时不小心影响到舍友，还会遭到推搡。

尽管在聋哑学校的生活充满艰辛，但幸好班主任非常关心吴晶。他告诉吴晶："你要做的，不是逃避，而是勇敢地接受和面对现实。只要肯努力，盲人也可以做很多事情，甚至不比正常人差。"

老师的话，让吴晶振作起来，更让她看到了未来的无限可能：是啊，自己只是看不见而已，但脑子不比别人笨，只要踏踏实实地努力，一切皆有可能。

从此，吴晶屏蔽了外界一切不友好的声音，将时间和精力尽可能多地用在了学习上。她的各科成绩始终在班里名列前茅，运动和音乐天赋也逐渐被挖掘。

虽然年纪尚幼，但吴晶的笛子演奏水平已经达到了 10 级，她还在江苏省器乐大赛上荣获笛子组一等奖。14 岁那年，江苏省短跑队教练看中了吴晶的运动天赋，吴晶得以顺利转学到南京的盲校，从此过上了学习与训练相结合的生活。吴晶的运动潜力全面爆发，开始了传奇般的运动生涯。

2003 年，首次参加全国残疾人运动会的吴晶，在双腿受伤还发着高烧的情况下，成为当届残疾人运动会的黑马，一举斩获 3 枚田径奖牌，其中有 2 枚金牌。仅仅 3 个月后，吴晶又参加了亚洲青少年残疾人运动会，再次斩获 2 枚金牌。在短短 1 年多的时间里，吴晶参加了多项田径大赛，屡获大奖，仅金牌就有 14 枚。

不仅如此，吴晶还凭借自己的实力，获得了征战雅典残疾人奥林匹克运动会（残奥会）的资格。冲出亚洲、走向世界，成败在此一举。就在所有人都对吴晶寄予厚望时，她却迎来了命运的无情痛击。

从雅典残奥会到金色维也纳

在备战雅典残奥会期间，吴晶夜以继日地拼命训练。当时参加雅典残奥会女子 100 米的选手中，吴晶的实力是最强的。只要正常发挥，金牌就非她莫属。

但在那届残奥会上，意外悄然而至。在 100 米预赛吴晶跑到 80 米时，她的大腿肌肉突然拉伤。队医经过详细检查认为，吴晶腿伤严重，根本无法参加决赛。即使有再多不甘，她终究败给了现实。可吴晶还是对教练和队医表示，参加雅典残奥会是自己的梦，她就是走也要走到终点。

于是，在雅典残奥会上，出现了令全世界观众震撼的一幕：中国姑娘吴晶拖着受伤的右腿，一瘸一拐地坚持完成了比赛。全场观众起立为她鼓掌，吴晶最终获得了雅典残奥会女子 100 米项目的第 6 名。

运动生涯被迫终结，盲校为她找到了一条出路——安排她学习推拿。推拿是很多盲人谋生的职业，但吴晶始终喜欢不起来。在经历了短暂的迷茫后，她决定以学习深造的方式再次扬帆起航，走向世界。

她说："如果把人生形容成一条长长的走廊，这条走廊里有很多一模一样的门。当我推开门时，'看见'里面的人在做他们的事情，如果这些事不适合我，我就不会迈步进去，我会继续往前走，寻找那扇适合我的门。"

退役后的吴晶克服了种种困难，以超常的毅力和自学能力，开始系统学习英语、法语等多种语言，成为南京外国语学校历史上首位盲人学生。

在人才济济的南京外国语学校，吴晶的成绩一骑绝尘。她在同学们眼中是不折不扣的超级学霸，可鲜有人知，在优异成绩的背后，她究竟付出了多少汗水，熬过了多少日夜。无论走到哪里，吴晶都会背着几十公斤重的盲文书，每天睡眠时间仅有 4 小时。在课堂上，她看不到黑板，看不到老师的动作和表情，所以无论上什么课，她都只能用耳朵听，然后将记在脑海中的内容输入专用电脑，再复习。

但凡教过吴晶的老师，无不赞叹，她是一个意志坚强、目标明确、独立自主的女孩。从南京外国语学校毕业后，成绩优异的吴晶通过了哈佛大学、耶鲁大学、斯坦福大学等多所名校的面试，轰动一时。

对于吴晶来说，人生就是一个不断找寻、挑战自我的过程。面对众多名校伸来的橄榄枝，吴晶回归了最初的音乐梦想。她先是去美国普林斯顿大学、斯坦福大学进行了短期交流学习，随后前往瑞典皇家音乐学院深造。

在瑞典期间，她积极参与瑞典盲人协会的工作，为中瑞盲人的交流贡献自己的一份力量。她还遇到了生命中的又一位贵人——台湾爱乐乐团的首席长笛演奏家安德斯·诺雷尔。

吴晶本就拥有扎实的音乐基础，听力更是绝佳。在成为安德斯的学生后，她的音乐天赋再次被挖掘。在恩师的帮助下，吴晶苦练长笛，演奏水平突飞猛进。她还被破格招入瑞典皇家爱乐乐团，成为皇家爱乐乐团的首席长笛演奏家杨·本特松的得意门生。

2014年11月13日，奥地利维也纳金色大厅，响起了莫扎特的《G大调长笛协奏曲》那悠扬动听的旋律。

中国盲人女孩吴晶，终于站到了世界级音乐殿堂，再度迎来人生的巅峰时刻。

在黑暗中听见这世界缤纷

"大都好物不坚牢，彩云易散琉璃脆。"

当吴晶的人生再度趋于圆满之时，她却又一次经历了生命不可承受之痛。2018年年底，吴晶在家中不慎摔倒，从5楼跌落。当时的吴晶，颅内重度损伤，全身多处骨折，医生下达了 7 次病危通知书，断定她即使性命无忧，也将是植物人。

吴晶的父母不相信勇敢、坚强的女儿，会永远这样沉睡下去。在配合医生全力抢救女儿的同时，他们将一部手机放在她的耳畔，夜以继日地播放她之前的演出视频和亲朋好友为她录制的祝福语音。

他们想用这样的方式来唤醒女儿，盼望她能再次站起来。幸运的是，经过医生的精心救治，吴晶在事故发生两个多月后奇迹般地康复，重新站在了她热爱的音乐舞台上。

经历过生死考验的吴晶，对生命的理解更加深刻，心中也有无限感悟，想要分享给更多的人。经过慎重考虑，吴晶做了一个惊人的决定，她毅然为自己的音乐事业按下了暂停键，继而拿起手中的笔，将自己的人生经历和对生命的理解、感悟，详细记录下来，以帮助那些身处困境的人走出迷茫，重塑人生。

耗时两年，吴晶终于完成了一部字字真诚的自传《我听见这世界缤纷》。在书中，她用温暖朴实的笔触讲述了自己的故事，展现了她对现实以及命运的种种思考与洞察。平静温暖的叙事里，不见丝毫怨怼，反而处处是希冀和感恩。这本书一经出版就备受好评，被誉为"中国版的《你当像鸟飞往你的山》"。

"命运凡有剥夺，暗中皆有补偿。"只不过，被剥夺后，人需要经历地狱级磨难，才能获取近乎相同的回报。而这样的过程，不是所有人都能忍受的。

冠军、名校学子、国际长笛演奏家、畅销书作家……无数荣耀将这个倔强、传奇的女孩推到了公众面前，但所有的荣耀都经历过汗水和泪水的浸润。

如今，38岁的吴晶选择将更多的时间花在公益演讲上，她希望能把这份力量传递给更多的人。

有人这样评价吴晶："给她一根稻草，她能泅渡大海。"

有航道的人，
再渺小也不会迷途

永远没有绝望的处境
——"千手观音"邰丽华

王耳朵先生

　　对于很多人来说，知道"邰丽华"这个名字，是从2005年中央电视台春节联欢晚会那支《千手观音》的舞蹈开始的。大气华丽的舞姿，精良的舞美，至今想起，依然让人目眩神迷。尤其是当我们得知舞者聋哑人的身份，才明白那一夜的喧哗与热闹，于他们而言，只剩下无声的喝彩。于是，除了震撼，我们的内心被感动和唏嘘充盈。

　　当年《感动中国》给邰丽华的颁奖词是："从不幸的谷底到艺术的巅峰，也许你的生命本身就是一次绝美的舞蹈。于无声处展现生命的蓬勃，在手臂间勾勒人性的高洁。一个朴素女子为我们呈现华丽的奇迹，心灵的震撼不需要语言，你在我们眼中是最美。"

　　如今，邰丽华在舞台上的身影渐行渐远。但是，每当想起这个精灵般的舞者，很多人都不禁发问：在我们遇见那个金光闪闪的邰丽华之前，这个听力受损的女子到底经历了什么，才能舞动生命的奇迹？洗去铅华后的她，现在过的又是怎样的人生？

一

1981 年，湖北宜昌的一所幼儿园里，孩子们正在玩"蒙眼辨声"的游戏，嘻嘻哈哈的欢笑声不绝于耳。

忽然，老师和同学们发现，那个平时叽叽喳喳，仿佛"小报幕员"般爱说爱笑的漂亮姑娘邰丽华，变得异常安静。无论大家发出怎样的叫喊，她始终无动于衷。那一刻，大家焦急、忧虑。但没有一个人想过，这个小姑娘再也无法从那个无声的世界逃离。

邰丽华并非天生失聪。

她出生时哭声嘹亮，"爸爸妈妈"喊得又早又清晰。一切的不幸源于两岁时得的那次麻疹。去医院查看后，并无大碍，父母也没太过在意。可注射的一剂链霉素却出现了副作用。病好以后，邰丽华常常感觉耳朵疼。只是年幼的她并不清楚病因，甚至在失聪的前一刻她都不觉得自己和其他小朋友有什么分别。

直到有一天她发现自己再也听不到小伙伴们喊她一起做游戏，就连上学也不能和熟悉的同学在一起。

那时，邰丽华才意识到有什么东西正在从自己的身体里一点点抽离。只是作为一个五六岁的小女孩，面对这一切，她甚至连痛苦都还没感知到，就陷入了夜以继日的孤寂。

二

起初，邰丽华的父母无法接受孩子失聪的事实。即便家境不好，他们依然不顾一切地带着女儿四处求医。可得到的答复出奇一致地令人寒心："没有办法治疗链霉素的副作用导致的听力问题。"

万般无奈之下，父母不得不将邰丽华转送到特殊学校。原本他们只是希望能让女儿读书识字，未来少经历点坎坷，却不曾料到，这一去竟为女儿撬开了一道命运的枷锁。

邰丽华永远记得那一天，刚到学校，孤零零的她站在操场上茫然无措。一位老师突然抓住她的手，将她带进了一间教室。老师一边弹琴，一边敲鼓。象脚鼓咚咚地响，振动声通过木地板传到女孩的脚底。

"一种奇怪而自然的有节奏的振动刹那间传遍我的全身。我趴在地板上，用整个身体，去感受这种'声音'……"

那时她只觉得自己终于听到了"声音"，而且越听越觉得美妙，情不自禁地跟着节奏舞动起来。

这一跳，邰丽华的"人生之舞"就再也没有停下……

三

人们常说："老天给你关上一扇门，就会为你打开一扇窗。"和舞蹈相遇，我们能想到的最美好的场景，一定是邰丽华一路逆袭、华丽蜕变。但是现实中哪里有那么多天赋异禀。

"节奏、韵律、步伐……音乐是舞蹈的灵魂，对聋哑人来说，听不到音乐是最大的困难。刚开始学习舞蹈时，因为听不见，节奏感不行，我特别着急，只能反反复复地练习。"

从邰丽华下定决心学跳舞的那一刻开始，苦难和艰辛始终相伴。因为身体上的劣势，她常常弄伤自己，身上总是青一块、紫一块。怕父母看了心疼，即使在夏天，她也穿着长裤。而这一切，父母都看在眼里。母亲不止一次在背过身时，偷偷地抹眼泪。只是他们都没有说破，陪着孩子默默承受着一切。因为父母知道，女儿需要付出远超常人千百倍的努力，才有可能拥有一个普通人的人生。

等到 15 岁，邰丽华凭借着自己的努力，在武汉市的舞蹈大赛中获奖，被中国残疾人艺术团选中。但是，到团的第一天，她却收到了"三连否定"："压腿不到位，踢腿不到位，手位不协调。"

原本安排她表演的三个节目，最后只剩下一个。这一次打击，对邰丽华而言，远超过她的失聪。只是对于舞蹈的热忱，一次又一次将她从放弃的边缘拉回。她把自己关在排练室里，除了吃饭、睡觉便是练习。基本功差，她就一个动作一个动作去磨，身上满是淤青，浑然不觉；听不到音乐，她就靠在音箱上感受振动，看着老师的讲解，背下每一个节拍。最后，她不仅留在了中国残疾人艺术团，还成功演绎了杨丽萍的经典之作——《雀之灵》。

看完邰丽华的表演，就连杨丽萍也不禁感叹："我创编并跳《雀之灵》这么多年，如果听不见音乐，我都不知道自己还能不能跳出那种味道来，而你竟然跳得这么好，真不简单！"

那一刻，邰丽华笑了。笑容里有她一贯的乐观开朗，似乎又多了一分如释重负。两岁那年出现在邰丽华身上的那道伤口，正在慢慢愈合。

这不是时间在抚平创痛，而是一个少女不停地追赶着时间给予自己的答案：也许生命注定有太多狼狈，但从废墟中亲手重建自己的生活，才是对自己最好的治愈。

四

在邰丽华坚持舞蹈的路上，曾经发生过两个插曲。

一个是上高中那年。对于一个身体有残疾的孩子来说，比起上学，能有一技之长可能更加实际。初中毕业，父母已经着手为邰丽华寻找出路。可邰丽华却坚持每周坐十二小时的长途汽车，独自一人前往三百多公里外的武汉，在一所特殊高中继续求学。

另外一个是高考。邰丽华拒绝了长春大学特殊教育学院的保送，坚持"和健全人一起走进考场"。结果她面对的是远超她平时学习内容三倍，"比两个拳头还要厚"的复习资料。临近高考，她一个人坐长途汽车从北京的中国残疾人艺术团回到武汉赶考。酷热难耐，头晕目眩的邰丽华几近虚脱，实在受不了了，就狠着心花三块钱买了一支雪糕。最终，邰丽华不仅考上了湖北美术学院，后来还获得装潢设计和文学双学士学位。

可在此之前，没有人会相信，这个失去听力的女孩能够取得这样的成绩。

《霸王别姬》中有一段经典问答。问："我什么时候才能成角儿呢？"答："人这一辈子，得自个儿成全自个儿。"

一个人最好的样子，永远是肩上有山，心中有光，不畏将来，不惧路长。

五

舞蹈和学业上齐头并进，邰丽华给自己写下这样一段注脚："音乐是表达人思想与情感的艺术。舞蹈演员具备的跳跃、旋转、翻腾等技巧，都不是目的，仅仅是手段。而读书从某种意义上说是养心，能够涵养舞蹈。"

1992年8月，在斯卡拉歌剧院的"无国界文明艺术节"上，邰丽华作为唯一参演的残疾人舞蹈家，表演了极具东方情调的舞蹈《敦煌彩塑》。她被组委会的艺术总监誉为"美与人性的使者"。

2000年9月，邰丽华再次让《雀之灵》的巨型海报挂到了卡耐基音乐厅内。这里曾经挂满100多年来在此演出过的世界著名艺术家的肖像及海报。那年，《雀之灵》海报成为唯一一幅来自中国的海报。

大家熟知的《千手观音》，更是早在2004年雅典残奥会的闭幕式上就征服了全世界。这个被上天夺去声音的女孩，多年以后终于挣脱了命运，发出了震撼人心的最强音。作为领舞，邰丽华享誉海内外。但她不喜欢别人称呼她"明星"，婉拒了无数活动和代言，唯一不曾拒绝的是慈善公益。

邰丽华经常跟随艺术团走进山村和学校，深入社区和福利机构慰问演出。2008 年汶川地震，邰丽华和她的队友们一起捐出 100 万元善款。之后，他们将远赴英国巡演获得的 160 万元演出费全部捐赠给灾区。

邰丽华说："我只是一个舞者，只希望能通过舞蹈展现自己，给别人带去快乐，成功只是一种恩赐。"

六

邰丽华曾经这样告诫自己："其实所有人的人生都是一样的。有圆，有缺，有满，有空。你不能选择你的人生，但你可以选择看待人生的角度。"

已过不惑之年的邰丽华渐渐褪去了聚光灯下的耀眼光芒，但是她依然还在不断地突破自己。邰丽华如今的身份是中国残疾人艺术团团长，中国特殊艺术协会副主席。

她说："现在我的梦想便是用我全部的力量带好我现在的每一个学生，让每一个孩子都能站在舞台中央，实现自己的梦想。"

她把每一个学生都当成了自己的孩子，而在每一个孩子的心里，邰丽华"像千手观音一样善良，像孔雀一样美丽"。因为邰丽华不仅给予他们亲人般的爱，更给了他们一盏点亮缺憾人生的灯。

最快的速度不是冲刺，而是坚持

厉苒苒

缘起——极限奔跑梦

提起白斌这位中国耐力跑的领军人物，除了那些说不完的冠军头衔，"疯狂"或许是最适合他的标签。

白斌生于贵州省思南县的一个小山村。30 岁之前，他没有进行过任何跑步甚至与运动有关的专业训练。他只是像无数乡村少年一样，喜欢在大山里奔跑。

2001 年，白斌正在贵阳经营一家维修电脑的店铺。那个夏天，北京申奥成功。白斌萌生了参加奥运会的想法。为了训练，他关掉店铺，决定从贵阳跑到拉萨。

奥运会当然是无法参加的，白斌却成功地从贵阳跑到了拉萨。第一次尝试让他发现了自己身上极限跑的无穷潜力。从那之后，白斌开启了他不可思议的跑步生涯。

跑南北极的想法，最早萌生于 2011 年。冒出这个念头时，白斌正在挑战古丝绸之路耐力跑。

挑战途中，他跑得有些乏味，于是一边跑，一边跟自己对话。"跑完古丝绸之路，跑哪里呢？"也没有什么缘由，"南北极"这个词就突然闪进他的脑海。这个想法在他的自我对话中马上得到肯定。"嗯，不错，南极和北极是地球的两端。"就这样，从南极跑到北极的念头扎根于心中，成为他挥之不去的一个梦。

从产生念头到正式实施，白斌用了7年的时间。2018年2月23日，农历正月初八，白斌从首都国际机场出发，飞往南极，开启了酝酿已久的疯狂计划。与他同行的，还有他这433天的"家人"——这个疯狂计划背后的"奇葩"团队。成员包括：行动具体策划人，辞去了上市公司高管职位的李镇宇；负责记录和更新微信公众号和微博的雷梓；会开车、会下厨、会探路的摄像师沈桢；以及负责白斌运动康复和治疗的美国注册物理治疗师里纳斯。

他们给这次行动起了个名字：李白跑地球。

磨难——那些跑过的路

2018年3月2日，元宵节，与南极企鹅挥别后，白斌从南极中国科考长城站正式开跑。

最初的100天波澜不惊，因为每天都在移动，最快的时候一个月穿越了4个国家。第一个麻烦发生在抵达秘鲁后。白斌先是在夜跑中崴了脚，在之后穿越沙漠时，又使伤情加重了。"都说伤筋动骨一百天，但我根本没时间等，只能边恢复边坚持跑，速度和每天的行程都降下来了。"

8月，跑了158天后，白斌团队抵达哥伦比亚与巴拿马交界处。在这儿，他们遇到了大麻烦——达连地堑。长达120多公里的原始森林里不仅毒蛇猛兽横行，更有毒贩和反政府武装盘踞，绑架杀人事件时常发生。"连向导都不愿意带我进去。"白斌说。

越过达连地堑，有"海陆空"三种方式。因为哥伦比亚全面关闭所有企图从陆路越过达连地堑的通道，团队只能改陆路为水路。8月9日，白斌在加勒比海边登上了皮划艇。但意外随之而来，白斌在海上被严重晒伤，出现细菌感染，不得不飞往巴拿马城接受治疗。"打了点抗生素我又继续出发了，但病情不断反复，当时我感觉自己已经撑不下去了。"最终，白斌团队只能选择坐小型飞机飞越达连地堑。

除了大自然给予白斌的考验，433 天的旅途中，更有人为的意外等着他。在美墨边境，白斌遭遇了"绑架惊魂"。墨西哥时间 2018 年 11 月 12 日，白斌在接近美墨边境的 97 号公路 75 公里处，遭遇歹徒绑架。

白斌回忆，当天出发前，就有墨西哥警察告诉他，说前面一段大约 10 公里的路程比较危险，警察都不敢单独执勤，让他一定要多加留意。

当天上午，白斌差不多跑出两公里时，一辆 SUV 突然向他靠近。从车上下来几个壮汉，比画着手势让他停下来上车。他在对方的要挟下上了一辆车，有人用衣帽蒙住了他的脸。这辆车颠簸了一阵后，白斌被拉下了车。他看到，身边的绑匪手上都拿着冲锋枪。

"当时绑匪要求我给朋友和家人打电话，看样子是要赎金，没办法，我只能乖乖地打。"但是电话并没有打通。意外的是，绑匪头子摆弄了一会儿白斌的手机，看到了他跑步的视频和照片。听说白斌是长跑爱好者，正在挑战"南极跑北极"，绑匪对此很感兴趣，气氛也缓和了不少。

大约过了一刻钟，绑匪头子朝白斌身边的两名手下做了个"带出去"的手势，并交代了几句。两名绑匪直接开车把白斌送到公路上，不仅放了他，还送给他一瓶矿泉水和一瓶饮料。"我当时感觉有些恍惚，本能地向他们抱拳示意，又赶紧向前跑了。"差不多跑了 1 公里，远远地看到 3 辆警车，白斌才感觉自己终于活过来了。这时，距离他被绑架，已经过去了整整 3 个小时。

抵达——最美的风景在路上

加拿大时间 2019 年 5 月 8 日上午 7 点 19 分，白斌用了 433 个日日夜夜，终于完成从南极跑到北极的壮举。

抵达北极点，面对四周白茫茫的一片，白斌说，自己的心都变得通透澄澈。"当时在终点，我特别想跳进北冰洋，可惜里面全是冰，没法跳。"白斌笑着告诉记者，他只能仰面朝天躺在冰面上，此时此刻，所有的艰辛、病痛和磨难通通被甩到了脑后。

"我希望通过这次极限长跑，证明中国人也有探索未知世界的雄心，传递中国人自强不息的精神！"白斌说。

对白斌而言，北极并非终点。他最大的梦想是实现"环球跑"。"目前我只完成了两段，一段是古丝绸之路，一段是南极到北极。我还要把地球上没有跑过的地方串联起来。"白斌说，他的下一个计划是"跑珠峰"。"在 24 小时之内从珠峰大本营快速登顶。2001 年，我曾经到过海拔 6500 米，我相信自己能完成这个目标！"

网络上有不少人称白斌为"跑神"，对此，白斌笑着说有些言过其实："我不过是喜欢并坚持跑步而已。"在他看来，人人都能跑，只要跨出那第一步。跑步是一件极其纯粹的事情，挑战极限无论什么时候都行。"只要热爱和坚持，每个人都会实现自己的梦想！"

或许，在大多数人眼中，白斌这种类似愚公移山的行为是无意义的——在宇宙飞船和超级计算机的世界里，远距离步行根本代表不了什么。但正如诗人和哲学家笃定坚持的那样：生命不仅仅是逻辑和常识，生命还有对自我的认同以及梦想实现的价值。其实，人生就像这一个又一个梦想串联而起的马拉松，在苦痛与成就之间交错，在坚持与热爱之中实现自我。

在泥泞中开出最美的花
——"陋室油画师"位光明

马宇平

位光明现在是"位老师"，而不再是"那个收破烂的"，这事发生得有点突然。他回忆，半个月里，自己接待了三十五家媒体的记者，生平被用中文和外语书写、转载：一位艺术家，白天收废品，晚上画油画，养活在老家的妻子和四个儿子。

这故事打动了很多人。

最近，他接到了三百多幅画的订单，算一算得画到年底。

位光明回忆，以前一个月能"成交"二十多幅画，一幅卖三百元，扣除画布、颜料成本和快递费，每幅赚二百元左右。每月电费是一幅莫奈的《一束向日葵》，油钱得三幅库贝尔的《海浪》，老家四个儿子的学费和生活费需要十五幅毕沙罗、马里斯、希施金的作品。

"有感觉"的时候，位光明能以每天两三幅的速度临摹那些受大众喜爱的大师作品，加上卖废品的收入，每攒够三四千元，就给妻子转账。上个月他出名了，画卖得好，转回家九千五百元，创了最高纪录。

有人提醒他，"废品还得收"，那是"人设"，不能丢。他很赞同，但他还有自己的理由："网络上这个'火'也就一两个月，以后生意不好了怎么办？"

他认为自己的绘画水平很低，但他似乎参透了人们关注他的理由："可能是身份的反差吧，社会需要正能量，平凡之中总会有那么几抹亮色。"

"手艺和艺术是两回事"

七月的一天，"画家"位光明照例去收废品。负重几百斤的三轮摩托车出现故障，位光明脱了上衣，推车回家。天黑了，气温还稳定在 33 摄氏度，不到五公里路，位光明推了三个多小时车，喝了三瓶水。

在绍兴市越城区东堰村里，人们习惯喊他"老位"。他租的房子，门框最高处不到一米七，美其名曰"谁进来都得低下高贵的头颅"。二十平方米的房间，一半用来堆废品。废纸板挨着墙堆到两米高，再往上一点，悬挂着十几幅色彩艳丽的油画。来访者曾因此产生浪漫的联想："老位世界里的艺术，就是比生活高出的那一点点。"

在媒体为他还原的"艺术人生"里，位光明是"苦难画家"，是读《史记》《庄子》《战国策》的读书人。他不舍得买衣服，却买七十五元一支的英国乔琴颜料和一百七十五元一支的伦勃朗颜料，"他喜欢在风浪里画几只海燕，因为那就像他，一生不断迁徙，逆风飞翔"。

"不敢称画家，手艺和艺术是两回事。"位光明毫不掩饰地回应，"那么虚伪干吗，画卖出去就是个生计，卖不出去就是打发寂寞的方式。"那么贵的颜料他不常用，有时候薄涂一层，感受一下。画海燕是因为他小时候读过高尔基的《海燕》，他对这种鸟没什么特别的情感。"我喜欢狗，黏人又听话，猫不行，嫌贫爱富的，养不住。"

他此前的生活与"富"无关。因为贫穷，妻子生产时没去医院，位光明翻了翻书，自己接生。老家的回迁房六年前就盖好了，他拖了好久才交清房款。但没钱装修，房子一直空着。

"画画是爱好，但更多是为了赚钱。"位光明不避讳提钱，"任何事情只要认真去做，都可以赚钱。"他想过得体面，"让老婆孩子过上好的生活"。

他欣赏"苦"过的人，汉太史令司马迁、法国画家米勒。他看不上司马相如，"抛弃为他当垆卖酒的卓文君，是和陈世美一样的人"；他也瞧不起陶渊明，"为人消极，不敢面对现实"。他谈喜欢的画家，在各种采访、讲座里总是提到米勒，因为"米勒比我还穷，在没有灯的小房子里坚持画了二十七年，没有任何收入"。他嫌凡·高偏执，"就像我们中国人说的自命清高"。

位光明自认为"从不清高"，只要能活下去，干什么活都行。他在砖窑推过车；在工地做小工，被欠了几个月工资；被传销团伙骗去云南，最后掰断厕所窗户的铝合金条逃了出来；他干城市基建，抢着铁锤砸过碎石，一天赚三十元；他去山上挖沟埋电缆，挖一米赚六十元；他养过猪，淘过大粪，在码头搬过黄酒……只有收废品这行，他做了十几年，"能赚到钱，也不用看人脸色"。

"都是垃圾"

位光明会不厌其烦地向来访者讲述，自己经常在短视频网站发布画作，一名网站的工作人员买了画，还把画画者的故事做成视频发出来，引起了媒体的注意。和很多民间油画爱好者一样，位光明的艺术人生离不开网络。开始学油画以后，位光明就活跃在各大社交网站中。绝大多数情况下，他发的帖子只有自己回复，内容是四个选项的循环——"好""好看""好画""画得真好"。他用小刀把那些无人回复的油画习作割破，再劈断，带到村口的垃圾桶旁烧掉，先后烧了五百多幅。"连废品都不算，都是垃圾。"

他画画纯粹靠自学，但"老师"不少。他回忆，读小学时，曾把宣纸铺在

《红楼梦》《三国演义》等连环画上，先摹再临，直到用毛笔勾边时手一点儿都不抖，再照着原图上色。他只记得《西游记》是刘继卣的版本，其他画册的出版社、画家名字都记不清了。

过去几年，他也看了不少美术教学书，练习不同的握笔方法。"想找一种最适合自己的用笔方式，画出一种最适合自己的绘画风格"，但"一直在瓶颈里出不来"。如今，位光明火了，但他一直提防着突如其来的成名和突如其来的记者。他怕"被捧杀"，不开直播，担心自己什么"干货"、才艺都没有，却有人打赏，伤了"读书人"的面子。"志士不饮盗泉之水，廉者不受嗟来之食。做人要有骨气，我不能做网络乞丐。"

镇里邀请位光明开"光明讲堂"，给村里的孩子讲"学习艺术的好处"。前一晚，他坐在出租屋的床上练习了一下，花了五分钟讲学艺术的经济回报，和"美"相关的，他想了半天，努力避开"物质"那层，讲了不到两分钟。"什么是艺术？艺术就是生活，就是有品质的生活。"位光明告诉孩子们。

他也想抓住成名的机会，盼着名气能带来资源，"资源比钱重要"。但他有时又底气不足，担心自己不能持续发光。"我知道我水平还不行，不能太把自己当回事。"

他在安静作画时会突然说一句，"艺术这个东西永远不会拒绝任何人爱它"。但半瓶啤酒下肚后，他又说一句，"艺术就是为了炒作价格，就是为了增值，卖得出去就是生意，卖不出去就是艺术"。

他鼓足勇气回绝了一位纪录片导演的邀请。"我没那么多时间，要过生活，要养一家人的。"对他而言，更急迫的还是那些订单。让那些已故大师的名画从自己笔下快速流出，变成老家新房子里的瓷砖、水龙头、燃气灶，变成儿子们的学费和一家人的生活。

最坏的结局，不过是大器晚成
——奥运冠军菲格罗亚

福 森

　　在奥林匹克运动会的历史长河中，有一个令人难忘的场景：一位举重运动员在完成最后一次试举并锁定金牌后，放下杠铃，张开双臂，泪眼婆娑地面向会场发出命运般的呐喊。随后，他跪下、躺倒、仰天痛哭，久久无法自持……为了这一辉煌时刻，他克服了重重困难，经历了四届奥运会，耗时十二年。他，便是奥林匹克传奇人物奥斯卡·菲格罗亚，一位来自哥伦比亚的杰出运动员。

　　奥斯卡·菲格罗亚1983年出生于南美洲哥伦比亚的一个边陲小镇，那里的人们几乎全部以挖矿为生，如果从事采矿，便无其他生存之道，他的父母就是矿工。为了生计，年幼的菲格罗亚成了私人矿场的非法童工，常年在狭窄而昏暗的隧道中劳作。直到有一天，他再也无法忍受这样的生活了，他跟妈妈说："我不想再过这样的生活了，这不是我想要的人生。"就这样，在15岁那年，菲格罗亚肩负着摆脱贫困和承载家庭希望的双重使命，踏入了当地一家举重训练馆。

实际上，在矿场工作期间，菲格罗亚已经展现出非凡的力量。即便如此，他在训练馆的表现仍然出人意料，仅用一天时间就掌握了所有动作。由于家庭贫困，菲格罗亚在训练时每天只吃一顿饭，但他并没有疏于训练，反倒事事争第一。尽管如此，他的家庭经济状况还是无法支撑他继续训练。最终，在教练的支持和鼓励下，菲格罗亚在举重这条路上坚持了下来，逐渐地加入了职业俱乐部，并入选了国家队。

2004 年，雅典奥运会上，21 岁的菲格罗亚在世界舞台上亮相。在激烈的 62 公斤级比赛中，他获得了第五名的成绩。对于初出茅庐的小将而言，这个成绩既不算出色，也不算太差，但无疑激发了他对四年后的北京奥运会的憧憬。当时，菲格罗亚正值举重运动员的黄金年龄（20—26 岁），他坚信只要持续努力，梦想终将成真。回到故乡后，菲格罗亚开始了更加严格的训练。

2008 年，菲格罗亚凭借在多项国际赛事中的出色表现，成为北京奥运会的夺冠热门。他满怀信心地宣称："我完全准备好赢得金牌！"然而，命运似乎与他开了个玩笑。就在北京奥运会开幕前三天，他突然感觉背部剧痛，可随行的队医却并没有检查出任何问题，保加利亚军人出身的教练认为他在小题大做，在狠狠训斥了他一番后，加大了训练强度。菲格罗亚咬牙撑到了比赛当天，他在心中一直默念：我要在这次比赛中拿到金牌。然而奇迹并未发生，他的右手根本无法发力，连续三次的试举失败后，他发出痛苦的尖叫，当场号啕大哭。

回国后的菲格罗亚，又因为医生诊断为"未受伤"，不仅承受着失败的自责和痛苦，更要面对巨大的社会舆论压力。哥伦比亚国内几乎对他失去了信心，那是一段漫长而又痛苦的旅程。直到一位古巴教练指出他可能患有 C6、C7 颈椎间盘突出，这种疾病不仅威胁到他的运动生涯，严重时甚至可能导致瘫痪。菲格罗亚回忆道："那时，我妈妈手受了伤，无法工作。我必须改变她的生活，也必须改变我的生活。"为了重返赛场，菲格罗亚接受了风险极高的手术。术后仅一个月，他便重返训练场。

尼采曾言："凡不能毁灭我的，必将使我更强大。"在经历这一切后，菲格罗亚如凤凰涅槃，成功站在了 2012 年伦敦奥运会的赛场上。29 岁的他，在 58 公斤级比赛中荣获银牌。在经历沧桑和创伤后，退役对于菲格罗亚来说，是一个可以理解甚至颇具吸引力的选择。然而，菲格罗亚心中的火焰比以往更加炽热，他深知自己的使命远未结束，他要为了国家和民族的荣誉，为了所有在逆境中追逐梦想的人们而继续战斗。

菲格罗亚以后的每一步，都走得更加稳重和踏实。2016 年的里约奥运会上，33 岁的他已是一位老将，在全世界的注视下站在了赛场上，随着一声怒吼，菲格罗亚将杠铃稳稳地放在肩上。蹲下，站起，双手持杠向上发力，一气呵成。"看啊，奥斯卡·菲格罗亚！哥伦比亚之子！他举起来，他拿下金牌了！"解说激动的声音令现场的观众也沸腾起来了！而菲格罗亚却坐在地上，泪水夺眶而出。一生追求的梦想，在这一刻终于实现了！他张开双臂，后仰倒地，泪流满面……最后，菲格罗亚弯下腰深深地亲吻了杠铃，以自己的方式告别这个赛场，为自己的举重职业生涯画上一个圆满的句号。

退役后的菲格罗亚成为举重形象大使，他积极投身于体育推广，参与社会公益。他的奥运冠军之旅告诉我们，成功并非一蹴而就，而是需要长时间的积累和坚持。在追求梦想的过程中，我们可能会遇到挫折和失败，也可能遭受质疑和否定，但这些都不应该是放弃的理由。我们要始终怀揣那颗初心、那个信念，砥砺前行，坚持到底，那最坏的结局，不过是大器晚成。到那时，回首往昔，我们会感激那个不屈不挠的自己，感激那些曾经让我们成长的磨难和挑战。

在磨难中给人生做"加法"

王耳朵先生

孙玲的出身普通至极，她的父母都是典型的中国农民。

她从小放牛、喂猪、插秧、挑粪……什么都得干。可能是太早承受生活的艰辛，孙玲对学习特别上心。中考时，孙玲考上了县里排名前三的高中。但父亲以"女孩子读书有什么用"为由，中断了她的学业。在别人家的孩子开始忙着入学的时候，孙玲只能跟着舅舅学习理发。

那时候孙玲对未来也没有强烈的憧憬，但有一个念头很明确——"我不想过这种生活"。她软磨硬泡，把所有的亲戚央求了一遍，让他们在父亲面前帮自己说好话。父亲终于松了口，重新把她送回学校。只是她错过了入学时间，只能进入一所民办高中。

这所民办高中的教学质量不是太好。2009年高考，孙玲的成绩在全校应届生中排名第一，却连二本线都没达到。

唯一的幸运是，一家软件培训机构在学校做推广，孙玲参加了他们举办的为期7天的免费夏令营。那时，她有一瞬间感受到一道希望曙光的降临。她想学编程，但是因为家境困难，她还是无奈地和这道光擦肩而过。

一个月后，孙玲远离家乡，来到深圳，成为工厂流水线上的一名普通女工。

在这里，孙玲的工作很简单，她负责电池检测，工作不算辛苦，但是极其枯燥乏味，一个月的工资最多也不过 2000 元。她觉得和工厂里那些冰冷的机器相比，自己更像一台没有感情的机器。她心中渐渐有了逃离的想法。

尤其是，这时还发生了一件事，对她造成了巨大的打击。有一次她要进城，到了公交站发现自己连公交车都不会坐。

那一刻，孙玲下定决心要离开工厂，她不能活在那个封闭的世界里。孙玲想起了高考结束的那个夏天，想起了那次免费的计算机培训。那道希望之光穿过时间的阻隔，再次照耀在她的身上。

2010 年，孙玲鼓起勇气，从工厂离职。她用这一年辛辛苦苦攒下来的钱，去一家软件培训机构报名。她在日记里写道："我的认知在社会上站不住脚，不是因为我周围的世界太小，而是我站在世界的墙外。"

对离开工厂后的求学生活，孙玲已经做好了准备。但是，命运丝毫没有给她一点点优待。她的积蓄，只够缴纳第一期软件编程的学费。没有其他收入支持，孙玲白天学习，晚上 6 点到 11 点要去肯德基打工。她工作一个小时挣 7 元，挣的钱只够吃饭。

第一期的课程结束，她没有钱继续报第二期和第三期，就想尝试去找和计算机相关的工作，边挣钱边学习。但是，没有公司愿意招她。

不过孙玲没有放弃，她省吃俭用，苦苦寻找，终于遇到一个 IT 培训机构，为她提供了边工作边学习的机会。

这家培训机构的学费可以分期付，上课方式也非全日制。此后，周一到周六，孙玲做电话客服，周三、周五晚上和周日全天上课。她挣的钱还是不够，就申请了一张信用卡，借贷缴学费。

经过一年的辛苦打拼，一家与培训机构有合作关系的公司来招聘。就这样，平时学习拼命、能力出众的孙玲成功突围，正式进入 IT 行业。

此时，孙玲每个月的工资是 4000 元，朝九晚六，周末可以双休。后来，她换了一次工作，工资涨到 6000 元。

有了稳定的工作，收入也渐渐水涨船高，但孙玲并没有将自己的生活停靠在舒适区。

2012 年 4 月，为了拓展自己的技能，孙玲在一家英语培训机构报了名，学费 3 万元。这一次，她又近乎耗尽自己所有的积蓄。

2012 年年底，她发现自己学历太低，影响了职业发展，便报考了西安交通大学的远程教育班，学费要 1 万多元。

这下更是让本就捉襟见肘的生活雪上加霜。这些在外人看来可能有些"疯狂"的举动，孙玲自己却甘之如饴。

最后，她不仅取得西安交通大学的计算机科学与技术专业的专科学历，还在 2015 年拿到了深圳大学的学士学位和自考毕业证书。

这一年，孙玲 24 岁。

在很多大学生刚刚毕业，对自己的前途和命运感到迷茫的年纪，这个高考失利的姑娘，正在全力以赴地为自己的人生添砖加瓦，一点一点地去修正命运偏离的轨迹。

时间转眼来到 2017 年。这时候的孙玲，不仅在英语上有了长足的进步，在学业和工作上也已经让人刮目相看。但是，更加出人意料的是，孙玲竟然不声不响地报了美国一所高校组织的计算机学科硕士留学项目。学校要求报名者必须有编程经验，有本科学历，有英语沟通能力，还要负担得起一年的学费。而这一切要求，孙玲都在不知不觉中全部完成了。为此，她还花了整整一年时间，存了 10 万元。

"所谓的才华和机遇，都是基本功的溢出。"这样的话，用来形容孙玲最恰当不过。

2017 年 9 月 8 日，孙玲收到了从美国寄来的录取通知书。当这个消息传回家中，父亲的第一反应是："你怎么还读书？"此时的孙玲已经 28 岁，在农村，这个年纪的女孩早已经结婚生子。

不过，这一次父亲已经无法改变女儿的命运。在大洋彼岸，孙玲开始了自己另一段崭新的人生。

孙玲的留学生活很精彩，在努力学习之余，她还积极参加校内外的活动，甚至筹划并主持了 2018 年学校组织的春节晚会。很快，学习生活结束了，孙玲要在美国找工作，这对她来说又是新的挑战。

两个月 60 多场不同形式的面试，大多数以失败告终，但她始终没有气馁。2018 年 10 月，孙玲获得了亿磐公司的录用通知，工作内容是对接谷歌公司的项目，工作地点就在谷歌的办公楼上，年薪 82 万元人民币。

回想 2009 年的深圳街头，那个被生活打击得体无完肤的姑娘，恐怕不会想到，自己的一次逃亡，竟然是改变人生的开端。

孙玲曾询问过上司为何选择她。上司笑了笑，对她说："第一，你的自学能力特别强；第二，你接受反馈的速度特别快；第三，也是我最看重的一点，在遇到模棱两可的问题时，你会先把问题搞清楚。"

说白了，就是孙玲身上有一种敢想敢做的特质。

孙玲奋斗的 10 年，其实就是她解决人生中各种问题的 10 年。正如她在 TEDx 演讲中说的那样："我想趁着我年轻的时候，做一件感动自己的事情，去更大的世界看一看，看在这个世界里，我的生存能力到底有多强。"

这就是孙玲，纯粹而简单，真诚又努力。这个世界没有什么绝对的公平可言，但是，我还是愿意相信：一个人靠异乎寻常的努力，靠知识和正确的选择，而不是靠幸运和邪恶，也可以获得想要的生活。因为一个出身贫寒的普通人逃出命运的樊笼，拥有自己想要的人生，本就是这个世界上最了不起的事情。

只要开始就不算晚

霍思伊

汪品先今年 88 岁。6 年前，他潜入深达 1400 米的深海，在全世界做成这事的人中，他是年龄最大的一位。这几年，在中国古海洋学奠基人、南海深海科学研究开拓者的身份之外，汪品先又多了一个更出圈的标签——科普老顽童。他在 2021 年入驻视频网站，首条视频上线后 24 小时内，随着年轻网友们 "汪爷爷" 弹幕一起而来的，还有 10 万粉丝。3 个月后，他成为拥有百万粉丝的视频博主。

一

几十年来，汪品先把自己的人生活成了一部刻钟。每天早上 7 点，他准时出现在办公室，一直工作到半夜 12 点。最近两年，因为生了一次病，他才把回家的时间提前到 9 点半。他不用手机，如果跟人约在哪里见面，只能提前通过办公室电话或邮件说好时间、地点，届时他会准时出现。他对自己的每一分钟都有规划，并严格按照规划执行，就像他每日唯一的运动是骑单车往返家与办公室之间，风雨无阻。

因为之前耽误了几十年，他在人生的后半场，一直在追赶时间。1999 年，他主持了国际大洋钻探计划在南海的第一个航次；2011 年，在他的推动下，中国启动了规模最大的深海基础研究项目"南海深部计划"；2017 年，他发起并获批了一个总投资共 20 多亿元的大项目——国家海底科学观测网；等到他 82 岁的那年春天，在 9 天内 3 次乘坐"深海勇士"号下潜到水下 1400 米深处，汪品先终于亲眼见到自己研究了一辈子的深海。

"深海是很好玩的。"这是汪品先最喜欢说的一句话，人们都叫他"老顽童"。他讲话时，两侧嘴角向上弯起一个大大的弧度，并喜欢手舞足蹈，他的声音很吸引人，语调高昂，节奏轻快，这绝不是一个暮年之人的声音。"200 米以下的深海一片漆黑，你一旦下去，就会看到另一个世界。海底的美是世人看不见的，我有责任把它呈现给大家。"汪品先说。

晚年，汪品先投入大量精力做科普。他认为，科学家需要和社会对话，他想通过科普告诉大家——很多科学的源头创新"不是因为它有用"，而是"我不解决这个问题就睡不着觉"。这才叫科学家精神，科学最大的驱动力是好奇心。他在视频网站发布的视频，不仅介绍他心心念念的海洋，还分享一些有趣的科学问题。"你设置的问题，不能是老师考学生的问题，不能是教科书上的问题，那没意思，也没人看，应该是小孩子对世界天然好奇时会产生的问题。"

一次，他去杭州开会，路过杭州湾大桥时，司机问他："江水为什么这会儿退潮？退潮之后，水去了哪里？"他说："这个题目真好！"于是，他更新了一条视频，标题是"退潮之后，海水去哪了？为什么钱塘江的涌潮更壮观？"，很快收获了百万级播放量。在汪品先看来，"科普要教的不是知识，而是问题"，因为科学发展到现阶段，真正的问题在哪里，这点一定要学透彻。

向更深层看，汪品先认为，当前中国科学研究缺乏的是创新的文化土壤，"中国现在不缺科学家，缺的是科学家精神"。于是，2021 年，他在耄耋之年主动在同济大学开设公开课"科学与文化"。每次教室里都坐满几百人，课后经常有学生追到他的办公室提问，汪品先喜欢和他们交流。如何从科学角度看文化、如何从文化角度看科学，是他晚年最关注的课题。

中国科学院院士焦念志是汪品先的后辈兼好友。他说，汪品先"离世俗很远、离世人很近"，"他不在意人情世故，敢说敢做，一心只做自己的深海研究。但他并不高傲，非常和蔼，专家叫他先生，学生叫他老师，孩子叫他爷爷，粉丝叫他汪院士，各层次的人都愿意和他交流"。

二

两个月的海上航行，汪品先每日工作超过 12 个小时，唯一的休息是站在甲板上看海和看鱼。1999 年，首次由中国科学家建议、设计并主持的国际大洋钻探 ODP184 航次启程。船上成员平均年龄只有 30 多岁，但首席科学家汪品先已经 63 岁。对汪品先来说，真正的学术青春才刚刚开始。在全世界最好的船上，全世界最有本事的海洋科学家们每天待在一起，交流的只有科学。

20 世纪 50 年代初在上海格致中学读书时，由于时任校长、地理学家陈尔寿的启发，汪品先对地理、地质与海洋早早产生了兴趣。1955 年，公派到莫斯科大学读书时，汪品先的专业是古生物学。1960 年，他毕业后被分配到华东师范大学新办的地质系，1972 年又随海洋地质专业调入同济大学。这是一个很新的方向，最初的建设目的是"在海上找油"。汪品先那时的工作是在蚊蝇乱飞的废弃车间里，用搪瓷饭碗泡开从黄海勘探现场送来的海底沉积物，再用自来水淘洗，放到难以对焦的显微镜下观察微体化石。

1978 年，中国石油地质代表团访问美国和法国，这是 1976 年后中国最早出访西方的代表团之一，汪品先就在其中。彼时，美国石油公司和名牌大学都在研究海洋、勘探海洋，国内对海洋的认识还停留在"舟楫之便，渔盐之利"。

当时，世界的地球科学正经历一场由大洋钻探引起的革命。这是始于1968年的国际合作计划，在1998年中国正式加入之前，主要参与方是美国、日本和欧洲各国，目前共有20余个国家和地区参与。科学家们用带有特殊装备的钻探船在水深几千米的洋底打钻，通过对海底岩芯的分析，揭示出地球表面运动的种种历史。大洋钻探的结果证实了20世纪最重大的发现之一——"板块学说"。

1978年第一次出国时，汪品先就听说了大洋钻探，他很快意识到，这就是"深海研究的最前沿"。1992年，汪品先在当选中国科学院院士的第二年重返曾访学的德国，只做了一件事——说服德国和中国合作考察深海。这是1994年中德联合科考"太阳号"科考船第95航次的缘起，也为1999年南海的大洋钻探ODP184航次奠定基础。

1999年2月，ODP184钻探船从澳大利亚西部起航，缓缓驶向中国南海。这艘"世界上最高效的船"共取上来5000多米深海岩芯，获得了3200万年以来南海演化和气候变迁的资料，在20世纪末，使中国的海洋地质学进入新的阶段。

三

南海大洋钻探的经验，让汪品先在60岁后提出了两个"拿得出手"的假说：气候变化"低纬驱动说"和"南海不是'小大西洋'"。二者都挑战了国际主流观点，后者更具颠覆性。

汪品先说，地球科学的建立一开始就带有"欧洲中心"的印记，多数证据来自北大西洋。"大西洋模式"认为，世界各地海盆的形成都和大西洋一样，来自板块内部张裂，其关键证据是一种蛇纹岩。但汪品先在南海钻探时没有找到它，"这说明，南海不是小大西洋，大西洋和太平洋是两个故事，可能有不同的形成机制"。目前，这两种假说都还未成为主流理论，仍待更多来自深海的证据确认，但这不妨碍汪品先在西方理论之外，大胆提出"中国学派"。

在上海长大的汪品先，常说自己是典型的"海派"。他觉得，"海派"的表达和做事方式就是"出乎你的意料"，自己"从小就是这样"。"给学生上课，假如我今天这堂课上没有什么'意外'，就像面包里面没有葡萄干，我自己就提不起精神来。"他还常说一句话："我做的事情，国内没有第二个人这样做。"宽阔的学术背景和严谨的思维，是汪品先能够"标新立异"的底气。

近几年，汪品先的目光从海洋扩展到了更大的空间。他提出，深海研究的出路和价值，在于整个地球系统。"现在科学界的共识是，地球内部储存的碳量比地球表面的多好几个量级，但内部究竟怎么影响表层，还没有解释。这就不能仅停留在地球表面，还要追到地幔中去。"汪品先说，深海正是进入地球内部的入口。

直到现在，这依然是一个很新的方向。汪品先从南海研究时起，就"向着一个比较宽的方向"逐步推进，在学科交叉过程中有了一些新认识，最后提炼出"基于海洋"的地球系统科学。

汪品先每天仍然坚持阅读大量的前沿文献，"我有时候会和老伴说，今天又有一个什么样的新想法。不会每天都有，但常常有"。接下来的两年，他要回到地球系统科学研究上，"把很多系统的东西嚼烂了，连起来"。他手里还积攒了上千份笔记，也准备把它们组合起来，希望能在走之前"踩下一个脚印"。

这个脚印现在还没踩下，但他喜欢李白的一句诗"天生我材必有用"。他暗暗想：要创立一种新的理论，未来可能会颠覆整个气候演变原理，不仅针对地球的冰期变化，要比这个远得多。"科学理论要颠覆不是几年、几十年能做到的，而是一个长期的过程，我是来不及了，但至少先把问题提出来，至于谁能回答，走着瞧。"汪品先说。

你所见的惊艳都曾被生活历练

陈娟 王燕灵

蔡皋的家在顶楼，当年她特意选了这里，看中的是楼顶可以改造成花园。耄耋之年的她，生活依然很忙碌，每日除了画画、读书、写作，还和先生细心打理着楼顶的花草。"和花草打交道，它们不会辜负你。"蔡皋站在紫藤架下说，"在藤下读书，有一种紫色的香味拂过，书也香，字也香，心思也就有了淡紫色的香味。"在这座"秘密花园"里，她关照花草，也关照自己的生活。

蔡皋曾经问过自己一个问题：我的作品是什么？经过思考，她找到了答案——"它像一泓清水，不大不小刚好照见我的天光和云影，照见我的生活"。

"我的生活、我的作品与儿童，与民间有着千丝万缕的联系。"蔡皋喜欢民间，将民间精神总结为"对生活的大肯定的精神"：看待生活的悲欢离合，都是欢天喜地的，都是喜剧。因为民间多凶险、多悲苦，需要化解。那种不屈不挠，那种积极抗争，正是民间精神最宝贵的地方。蔡皋就这样不断地从中国传统文化里找故事、找力量，"里面有很多好东西，只是需要去深挖，用现代人的眼光去创新"。

"我要做的是让孩子看到文本精神，而不是看到故事就完了。"她笑着说。像她最著名的作品《宝儿》的封面——一个小孩举着一盏灯，她说："这盏灯很重要，举高一点儿，人就看得远一点儿。我不可能像孩子那样元气满满，但至少我有我的灯，向他们举起一盏灯。"

没有沉重，何来轻盈

蔡皋凡事不喜欢计划和筹谋。"但凡计划，一定不好，我只能去遇见。不经心是最好的，来得越自然越朴素越好。"

她开始画画，并走上艺术之路也是如此——这要归功于全家的宽容。小时候，外婆、母亲、姨妈都是戏迷，常常带着她一起去看戏。她的一个远房舅妈，还是湘剧团里的角儿，她们经常去捧场，《逼上梁山》《天女散花》《九件衣》等蔡皋都看过。看完戏回来，蔡皋就照着记忆画画。一开始是从床底摸找松软的木炭，在一扇扇门背后的粉墙上涂鸦，画的大都是戏里的人物，乱七八糟的，家人既不骂也不擦。后来胆子大了，她开始在课本上画，连同学的课本也遭了殃。那时的她，痴迷画画，纯粹就是觉得好玩。

蔡皋真正意识到画画是一门艺术，是在多年后。20世纪70年代，蔡皋考入湖南第一师范学院，边读书边画画，有时画墙报，有时给刊物画插图。毕业后，她在株洲县（今株洲市渌口区）文化馆工作，画了一年宣传画。有一次，湖南著名水彩画家朱辉画大壁画，她坐在下面支起画架画小画。朱辉时不时低头看看她的画，冷不丁说了句："哎哟，色彩天才。"蔡皋说，那一刻她像被天上掉下来的苹果砸中了脑袋。

一年后重新分配，蔡皋被分到乡村小学教书。学校在太湖水库附近的一个"寺村"，是株洲县最偏远的地方。上课时，她站在台上讲课文、诗词；下课后，她放下粉笔，砍柴、担水、打坝、修水塘，还有春播秋收。"在艰苦的生活中体味人生深层的喜乐，思想境界渐趋明朗，生活也'日日是好日'地好起来。"蔡皋主教语文，也教音乐和美术。与孩子们朝夕相处，她发现孩子是质朴的、简单的、无忧无虑的，"云来了、风来了、雨来了，他们都会快乐"。一有工夫，蔡皋就拿起画笔，写生、画速写，也画彩色连环画。

之后，她被调到小镇教书，依然没有放下画笔。36岁时，她被调入湖南少年儿童出版社，从事儿童图书编辑工作。再后来，她重新拿起画笔创作，一直到今天。

蔡皋至今还记得到出版社报到那天的场景，那是她最幸福的时刻。接到调令后，她花了半天时间办完所有手续，第二天就去单位报到。她走进出版社的院子，走到一棵树的绿荫底下，突然觉得自己很轻，走路像风一样，"脚下有一种很轻盈的感觉，几步路走下来，我有点儿害怕。我对自己说，不要着急，慢一点儿，要享受一下。我走了这么多年，终于走到了这条路上"。

后来，蔡皋悟到了当时自己何以如此：没有沉重，何来轻盈？

把最好的东西给童年

蔡皋的人生底色是暖色调的。

每每忆及童年，她脑海中浮现的画面都与外婆有关。外婆没怎么念过书，但充满智慧，生活精致、干净，虽然条件有限，但"把朴素的生活过得很有味道"。

外婆会做甜酒，会做坛子菜，最拿手的是针线活，搓麻线、打衬、剪鞋样、纳鞋底、用楦头给鞋定型，样样精通。

她经常边做针线活边讲故事，有时也教蔡皋唱童谣。"外婆讲的话都很妙，是从生活中得来的民间智慧。"蔡皋说。派她出去打酱油时，外婆说要"牛一样地出去，马一样地回来"，意思是别贪玩，做事情要让人放心；让她做家务时，外婆说要"眼眨眉毛动"，意思是做事要机灵点儿，注意观察别人的表情；当她领着二妹去上学时，外婆说"出门看天色，进门看脸色"。

"家庭教育就该这样潜移默化、不露痕迹，外婆在做，妈妈在做，爸爸在做，你觉得那个行为、那种生活方式很美，就接受了，它们慢慢就变成你自己的了。"温暖、健康的幼年时光，给了她审美，也给了她勇气——热爱朴素日常，善于在困难中看到鲜花。

2001年，"日本图画书之父"松居直找蔡皋画《桃花源的故事》。她首先想到的是六年乡村教师生活——那段艰苦但快乐的岁月，那些茶亭、小路、老者、耕牛……都被她从记忆里"拖"出来，画进书里。在故事的结尾，渔人要离开桃花源时，收到两件礼物：一件是花种子，另一件是拨浪鼓。这是蔡皋的一个"小心思"。"给渔人种子，其实蕴含了渔人对理想生活的盼望，他向往桃花源那种自给自足、丰衣足食的安详自然。我希望也给看故事的小孩种下一颗桃花源的种子。"她要把最好的东西给童年，"你不给童年，会耽误多少人一辈子呢"。

如今77岁的蔡皋，还在用画笔记录生活、追忆童年、捕捉日常。她记录一棵树如何死去，被砍掉，再萌芽，花十几年的时间自己包裹住伤痕。她说："摸摸它，我就有力气！"

"所有这些，不管是创作体验，还是人生经历，包括那些遇见的瞬间，都是你的一部分，没有废的地方。像我外婆做鞋，边角料都用来做鞋底了。你手里有一根魔法棒，或者说一根缝衣针，把所有的碎片连接起来，重新拼接、组合，这样的人生拼图一定很美。"蔡皋说。她很幸运地遇上了画画，并把人生中的那些经历画进了画里。

蝴蝶终将飞过沧海

戴 围 巾 的 鱼

　　我低头前往文科班新教室，手中的教材没有多沉，沉的是夹在里面的分班成绩单。途中，我绕了远道，在全年级整体成绩最好的理科班前停下脚步，抬头默念他们贴在外墙上的梦想大学。浙江大学、清华大学、北京大学、中国人民大学……一所所高校幻化成一把把小锤子，细细密密地敲打着我的神经。在新教室里落座后，我才惊觉手心的冷汗濡湿了垫在课本下的草稿本。

　　因为中考发挥失常，我勉强压线挤进这所高中。我所在的班级风气欠佳，不管老师如何抬高声音，也制止不了台下同学的小动作。环境对人有潜移默化的影响，可最糟糕的是我对这样的环境没有产生警惕心。我看不到不停更新的日期，拖延症滋养了我的小聪明。在这样的班级里，我尚且进不了前十名，更不用提年级排名了。

　　放暑假前，班主任找了班级前十名的同学单独谈话，我自然不在其中。

　　去新班级前，妈妈叮嘱我："能考上二本就行。"

　　我的眼神不敢投向她的眼睛，匆匆点了一下头就出了门。

　　未曾被寄予厚望，没人投来过期待的眼神，从来只有"都可以""这样就够了"之类的词句日夜紧随着我。我实在不甘心！同样坐在教室里埋头三年，别人鲜衣怒马、剑指江湖，凭什么我只能垂下头颅，贴着走廊的墙壁进退两难？

我始终记得那天的情形。外面天光未明，楼梯间的灯坏了，我像是走在一条漆黑的、看不见尽头的隧道里。走出隧道前，我擦了擦眼角，学着电影里主角的模样，在心里比了个胜利的手势，仿佛有它的陪伴我就可以所向披靡，脸上的表情也变得舒展起来。

我为自己安排了一个任务，每日雷打不动地用英语在笔记本上记录下五点半的天气，再选一句古诗词誊写在旁才能开始一天的早读。我想用这样颇具仪式感的行为来逼迫自己早起。起初这的确是枯燥的任务，没想到直到大学我依然在认真执行。

强制变成习惯。有些事的形式虽然变了，但内核是不变的，学习也是一样，要想真正看破知识点，唯有端正心态。老师们经常敲着黑板重复着"考题千变万化，多数考点是不变的"，我表面上敷衍应答，内心完全不这样认为。数学错题抄了一本又一本，下次考试碰到类似的题我大脑依然一片空白。

基础不牢靠，才会被乱花迷住双眼。我褪去"中二"，披上沉默。学霸们拼题我不再凑上去围观，不再浮夸地追求高难度拓展题。像是第一次知道"脚踏实地"是什么意思，我翻开错题集和教材，一点一点地复盘。

发现六册厚厚的错题本，里面竟然有重复抄写粘贴的内容，我忍不住又急又气。的确，过去的我该做的功课一样没落下，可不过是走形式欺骗了包括自己在内的所有人。我没有哭，害怕肿胀的双眼令我无法看清明天的黑板，从而干扰复习进度。

我用最短的时间重新整理出了各科的错题集。总结、比较题的类型是不小的工程，这个过程没有耗尽耐性和勇气，反而使我越发受到鼓舞，知道症结在哪里。从头来过没有那么可怕，不是吗？多少个看不到星辰的夜，我关掉灯躺下，告诉自己该休息了，大脑却处在兴奋状态，于是继续在心里查漏补缺。

补到一半，想不起来，又坐起身披上衣服打开台灯翻笔记，最终不知在几点沉沉睡去，第二天还能照常听课。

这个时期的状态，于我整个高三乃至现在，都是闪着金色暖光的回忆。每当前路漫漫望不到头，我便会把这些记忆翻出来，从而打消自我怀疑和焦虑感。

踏着中性笔在纸面上的沙沙声响，高三来了。三轮模拟考试中间排满了各地重点高中出的模拟试题，考试的难度不一，我们的成绩也有所波动。有段时间，班里或多或少飘散着迷茫的雾气，我的心态也经受了一波波挑战。

身处信息时代，手机软件经常会根据我们的偏好推荐一些高考资讯。部分同学受到影响，打开这些推送的学习视频和文章，看完后出于好心发到群里。这些内容都有着类似于"高考文综高分答题模板"的醒目标题，但我看过一次就没再打开过。

"高分模板"不过是噱头，实际讲得非常笼统，而且这些所谓的经验也不一定适合所有人，所以我决定不将注意力集中在"标题党"上。老师们经历过的高三比我们多，见过的出题套路也比我们多，把百分之百的信任交付给他们才是对的。

备战高考永远没有一劳永逸的"模板"，只要抬起头，望望灯火通明的教学楼，告诉自己拾级而上、继续努力，沉甸甸的踏实感便涌上心头。

题海没有使我迷失，记录天气时画画地理老师讲的洋流，日复一日抄写的古诗词拈出一句给作文增彩添色；总结历史事件的异同与教训的末尾，可以适当联系到政治课上的哲学思想。锋利的书页划破了手指，留下看不见的小伤口，用纸擦一下就好；秋末冬初，天气阴晴不定，我觉得手套会使行动不便干脆不戴，抄写和做题时活动手指就能产生热量；掌心薄薄的茧也可以忽略不计。

我只是想在洒满夏日阳光的校门前，用手捧起录取通知书，在父母的眼前比出那个被我隐藏在黑暗隧道里的"胜利"手势。

"聪明的孩子，提着易碎的灯笼"是我很喜欢的一句歌词。也许，每个人生来都持有一盏易碎的琉璃灯笼，有人一生不愿松手提着它前行，有人任由它化成粉末随风而逝。第三类人虽暂时将灯笼存放于仓库中，但总归有想起它的一天，一旦他们将灯上的灰尘轻轻拂去，去寻找前路时的眼神便再无忧虑和惧怕。

梦想和灯笼一样属于易碎品，而我不是聪明的孩子，同一些人比起来我的勤奋也显得微不足道。我从不属于坚定的第一类人。万幸，我跻身成为第三类人。我们都小心翼翼地走在漆黑的路上，没想过回头。

6月22日，我深呼吸后登录查分网站，当看到与我"相爱相杀"三年的数学都考了106分时，我知道我可以稳稳考入一本大学了。妈妈紧紧拥抱了我，爸爸拿手机记录了这一幕，照片里妈妈的眼角泛着泪光，嘴角却是向上的，和我一样。

我常常回忆，那年前往新班级的路上，身为文科生的我去理科班寻找激励的心境具体是什么样？我已无法想起，但我不后悔去见证别人的理想，或许正是他们间接帮我找回了自己的"灯笼"。

笨拙的孩子提着易碎的灯笼，一路上默默数着步数，终于走出了长长的隧道，再回头看看自己的脚印，原来，隧道真的没有想象的那样幽深。

人生的底牌只有你自己

刘一帆

一

2013年8月，我以全县中考第150名的成绩被县一中录取。进入高中后，我发现这里的学习氛围与初中时的大不相同。我在镇上读初中时，有些坐在后排的同学吊儿郎当不读书，老师也不管。而到高中，哪怕高一才开始，每一位同学都已经在很努力地学习。很多同学甚至早上4点多就起床了，看得我胆战心惊。

我无法在4点多起床，天天咬碎了牙也只能做到6点起。为了节省时间，我只好逃掉早操，带着早饭去教室吃，一边吃一边看前一天做错的题。

那时候的我并没有什么宏大的高考目标，除了有点怕，有点自卑。我能做的就是把自己没懂的题目想明白，跟着MP3背英语课文，努力体会语文课本上的文言文和诗词的含义。

第一次期中考试，成绩公布的时候我简直不敢相信——全班第3名，年级第78名。晚上我给父母打了电话，故作冷静地说："我考了班里第3名。"其实我的内心有一种巨大的欢喜炸裂开来。

有的时候，你不需要做出战斗力爆表的样子给任何人看，只要按部就班地学习、思考、提高自己，这就是扎扎实实的积累了。

不久之后文理分科，我选择了理科。我很想成为一名国防科技领域的工程师。

期末的时候，我考了班里第 10 名。班级排名看起来有些退步，但我并不觉得难过，因为这让我更加确定，上一次的成功并不全是运气。我的付出，的确是有回报的。

说来奇怪，努力也会令人上瘾，就是那种"思考—学习—掌握技能—做题更快、正确率更高—成就感爆棚—继续学习"的美妙循环。寒假时我根本不想玩，依然沉浸在这种正强化的快乐里无法自拔。

高一下学期，我的年级排名从七八十名稳步上升，到高二开学时已经排在第 20 名左右了。但这时，我还没有想过要考清华大学，因为我们县平均三四年才会出现一个考上清华或北大的学生。

高二时，我遇到了高中阶段最大的学习难点：物理电学部分。为什么电子放在一个所谓的场里面就要受力，怎么判断电流的方向，电场线、磁感线到底怎么分布……

那段时间我睡觉的时候脑子里都是电磁场。上课听不懂的我就记下来，连走路、吃饭、洗衣服时，都在想。死活想不通的，我就去问老师。我并不是那种天资聪颖的人，有的人用我一半的努力程度就可以考第一，我不能。我只是比较刻苦而已。我的努力回报率没有别人的那么高，但也让我收获颇丰。

大概过了一个月，有一天的晚饭时间，我在教室里一边啃饼干一边翻看错题的时候，忽然有了一种异样的感觉——好像有层窗户纸突然被捅破了，之前模糊不懂的地方一个接一个地明亮起来。不知过了多久，等我把一摞物理错题集翻完，抬头一看，第一节晚自习已经开始半小时了，而我咬了一半的饼干还在手里。

二

高二暑假，我申请了在学校自习。我每天还是按照平日里的作息时间，去教室做题、背书，累了就看会儿小说、散文，揣摩大作家的笔法。

暑假过了一半，年级主任找到我，说有一个清华大学夏令营的名额，问我愿不愿意去。当时我很惊讶，老师居然会考虑我。毕竟当时我的排名在年级第 10 名左右，还不算最拔尖的学生。

怎么形容在清华园的 7 天呢？沉醉，震撼。我从来没有见过这么大、这么美的校园，花草掩映，树木葱茏。神采飞扬的学生在路上讨论问题，白发苍苍的老教授骑着自行车在校园里穿梭，建于民国时期的老图书馆好像《哈利·波特》里面的建筑——拱形的玻璃窗、翠绿的爬山虎，以及安静学习的年轻人。

有一天深夜，我不想睡觉，一个人在校园里转到电子系的教学区，走近一看，整座楼灯火通明。那一刻，一种难以名状的情绪抓住了我，不知不觉间，我泪流满面。我想在这里继续努力，跟这些深夜依然在学习的家伙一起。

整个高三上学期，我没有回过家，一直住在学校，可是中间仍有几次考试成绩特别差。到现在我都记得，高三上学期期中考试，我才考了 619 分——和清华大学往年的录取分数线还有 70 分的差距。

理想之所以是理想，不是因为我们踮起脚尖就能够到，而是哪怕最后无法实现，我们也会为了它奋力奔跑。

我制订了适合自己的一轮复习计划，有的地方跟老师的计划重合，有的地方完全针对自身的情况。比如我的数学排列组合较弱，需要大幅度提高；化学成绩很好，但还可以进一步尝试难度更高的题目。其他科目，我也逐一分析，弥补短板，强化优势。

后来高考结束，跟很多同学聊天时，我发现，他们对自己的学习情况根本没有总体的把握，只知道跟着老师的计划一轮一轮地复习，关注跟同学比自己是什么名次。其实更重要的是你应该清楚自己有没有掌握某类知识。

高三寒假，我报了清华大学的自主招生考试。我不知道自己的实力如何，但我一定要抓住每一个机会。

三

6月8日下午，高考结束。我走出考场，还没来得及放松，就找出学校发的自主招生考试资料，坐车前往郑州。6月10日上午我参加了笔试，题目并没有想象中的难。

6月13日上午，我接到了年级主任的电话，通知我通过了自主招生笔试，校长将带我前往北京参加面试。在去北京的火车上，校长告诉我，我的卷子答得最好的是物理，接近满分。

6月24日，我知道了自己的高考成绩，比清华的录取分数线低了13分。第二天我知道了自主招生的面试成绩，通过了清华最低的一档，可以降10分录取。如果我以国防生的身份进入清华，根据政策还可以再降5分。我等于一路踩在悬崖边上，走进了清华大学。

别太在乎别人的眼光
——贺知章的钝感力

江蕴峤

　　人活于世，总会遭遇诸多评价和目光，我们总是习惯性地活在别人的评价中，仿佛人生的意义就在于满足别人的期待。其实大可不必，因为每个人都是独一无二的存在。就像唐代诗人、书法家，大唐狂客贺知章那样，他从不被外力所驱动，面对大唐女帝武则天跟李家皇室的权力拉扯，状元郎贺知章纵情酒场，端坐冷板凳二十余年，大智若愚，不悲不喜，终于守得花开见月明，青云直上，成为名动京都的朝廷大员、文坛宗师。钝感力拉满的人生，也可以是赢家。

星彩熠熠的大唐才子

　　贺知章，字季真，晚年自号"四明狂客"。他的才华同"孤篇盖全唐"的张若虚、草书冠绝大唐的张旭、儒雅才子包融齐名，并称盛唐"吴中四士"；他的书法与"草圣"怀素、"大唐三绝"的张旭比肩，并称"唐草三杰"；又因嗜酒，结交了汝阳王李琎、左相李适之、诗仙李白等达官名流，谓之"饮中八仙"；更不要说后世盘点盛唐最为风流的文人评选出的"仙宗十友"，贺知章

194

依旧名列其中。

贺知章头顶虽有这么多光环，但这都只是别人对他的赞美之词而已，反观贺知章本人待人处世，可以说是将豁达的理念贯穿了一生。他总是潇洒自如、酣畅淋漓地活在自我的世界里，从不在意别人的目光。比如他喜欢饮酒，杜甫的《饮中八仙歌》有写道"知章骑马似乘船，眼花落井水底眠"，说的就是贺知章喝多了，骑在马上前仰后合的就跟乘船一样，醉眼蒙眬地一不小心掉井底了，就顺势在井底睡着了。

李白跟贺知章的渊源也极为有趣，李白刚到长安那会举目无亲，有一天到道观去游览，正好碰到了贺知章。贺知章也是久闻"诗仙"的名号，既然偶遇便是缘分，主动跟李白攀谈起来，言谈间兴起，说要听下李白的新作。李白则拿出了他自川蜀而来长安，一路见闻有感而作，新鲜出炉的《蜀道难》。贺知章听完之后惊为天人，称赞李白为"谪仙人"。兴致来了还非得拉着李白去喝酒，结果到酒铺坐下了，贺知章才发现自己竟然没有带钱。没带钱又想喝酒怎么办？贺知章毫不犹豫地从腰间解下金饰龟袋，要用这换酒钱。李白赶忙劝住贺知章，说这可是皇帝御赐之物，怎么可以用来换酒呢？不听劝的贺知章硬是拿着皇帝御赐的金饰龟袋抵作银两当了酒钱，两人喝了个尽兴。后来也正是由于贺知章的推荐，唐玄宗召李白为翰林待诏。

钝感力拉满的仕途做派

要是其他人收到皇帝赏赐之物，别说随身携带，就是供家里都不过分，只有贺知章这种异类，才会不把皇帝赏赐当回事。也正是因为贺知章这种不媚上的做派，反而让他在上位者眼中独具一格，备受青睐，无论是武则天时期，还是唐中宗复辟，又或者在唐玄宗拨乱反正后，贺知章在官场上都是稳坐钓鱼台。

证圣元年（695年），贺知章被武则天钦点为状元郎入仕为官，作为浙江历史上第一个有迹可查的状元，贺知章并没有一飞冲天。彼时朝堂上"拥武派"跟"拥李派"暗潮涌动，"木讷"的贺知章忙着写诗喝酒，一副岁月静好的模样。这份钝感力，让他在之后二十余年里，比其他宦海沉浮的同僚过得更为轻松惬意。

等到唐玄宗继位，独树一帜的贺知章反而因为身上没有旧朝标签，被唐玄宗委以重任扶摇直上，从正七品太常博士升到了正三品太子宾客，兼正授秘书监，时人尊敬地称其为"贺监"。哪怕已经是朝廷大员了，贺知章依旧没有棱角，还是那副悠然自得的样子，也从不害怕别人的非议，虽然喜欢交朋友，在官场上却刻意淡漠人际关系。他的为官之道就是不结党、不营私，有事说事，没事喝酒。后知后觉间，其他人才发现，原来贺知章只是看上去"木讷"不通权谋，实际上是大智若愚，走了那条官场最远的捷径——脚踏实地、一心为公。

我思故我在才是人生浪漫

744年，贺知章因病告辞，唐玄宗依依不舍地允许其归乡。为感念"贺监"近甲子岁月的鞠躬尽瘁，唐玄宗设宴，命皇太子带着百官为贺知章饯行，其间唐玄宗还亲自写下一首《送贺知章归四明》作为临别赠礼："遗荣期入道，辞老竟抽簪。岂不惜贤达，其如高尚心。寰中得秘要，方外散幽襟。独有青门饯，群僚怅别深。"作为臣子，如此殊荣，古往今来能有几人？

在盛世的大唐，群星璀璨却也有众多有识之士怀才不遇，哪怕是像李白这种惊才绝世之辈都在仕途蹉跎半生，直到晚年才"轻舟已过万重山"，为何偏偏是贺知章能显达于众人？

豪放不顾形象醉酒卧睡井底，相交不计钱财用御赐之物换酒钱，官场不随大流坚守本心，我行我素从不在意别人的目光，这样的贺知章好像什么都慢别人一拍，最后却步步先机走在其他人的前面。别人的目光没那么重要，我思故我在，没有人能完全洞悉你的内心世界，既然人家不懂你，那么为什么要盲目追求他人的认同呢？拥抱最真实的自己，绽放自己独特的光芒，才是人生旅途中独有的浪漫。

玻璃心就是用来打破的——孙夫人

陈溪鹤

人的内心总是脆弱而敏感的，在太平盛世，一颗玻璃心或许只是稍显矫情；可到了乱世之中，玻璃心便化作了致命的利刃。在那朝不保夕的年月，人们的目光往往难以触及他人的感受，各自为战，只求自保。

在波澜壮阔的三国乱世，孙夫人，这位孙吴王室的璀璨明珠，蜀汉刘备的尊贵夫人，却必须在坚强与脆弱之间做出抉择。尽管身份尊贵，她却不能在权谋的风暴中展露丝毫的软弱。因为，软弱在权力的较量中会成为致命的突破口。对于处在乱世舞台中央的巾帼英雄孙夫人来说，玻璃心，就是用来打破的。

江东明珠豪情飒爽入蜀汉

江东出豪强，吴郡孙氏一门三英杰，猛虎孙坚力克汉贼董卓，小霸王孙策横扫江东，讨虏将军孙权安定江南。门风英烈的孙家女子不遑多让，孙夫人从小跟着孙策、孙权两个哥哥，不爱红妆爱武装，绣花针线一样不会，刀枪剑棍倒是耍得有模有样。

父亲跟两个哥哥对孙夫人也是疼爱有加。乱世之中，贤良淑德算不上安身立命的好品质，尤其还是以骁勇闻名，在汉末排得上号的诸侯家族中，能舞刀弄枪比会绣花更受待见。孙家父子就笑看掌上明珠任意妄为。然而，命运的齿轮从未停止转动，孙夫人的人生也逐渐发生了转变。父亲孙坚战死荆州，哥哥孙策遇刺身亡，少年统业的二哥孙权，也没有了贵公子的清闲。曹操挟天子以令诸侯，剑指江南步步紧逼，孙权不得已联合刘备共同抗曹。赤壁之战虽然打退了曹操，可刘备又趁机占了荆州，卧榻之侧岂容他人鼾睡？除非鼾睡之人是自己妹夫亲家。

就这样，孙夫人作为联合刘备交易的筹码，被摆到了联姻的台面上。彼时刘备已经是快知天命的糟老头子了，而孙夫人还是待字闺中的黄花大闺女。从小被溺爱的孙夫人哪受过这种委屈，此时的她既可以昂首挺胸，向兄长孙权展示以死明志的坚定；也可以泪眼婆娑，以柔弱之姿乞求哥哥的怜悯。可孙夫人知道，此时刚经历大战群雄环视下的东吴，已经不允许她矫情和玻璃心了。孙权，不仅是她挚爱的兄长，更是东吴的舵手，他的决策天平上，首要之务是东吴的利益。为了江东的繁荣稳定，别说是将妹妹送入联姻的漩涡，甚至在必要时自己屈身为曹操家臣，他也在所不惜。

孙夫人收起了自己的小情绪，豪情飒爽、义无反顾地嫁给刘备，作为孙刘两家连接的纽带，共同对抗北边一家独大的曹操，三国势力就此形成。

没人疼爱，就自己疼爱自己

到了陌生的环境，本就是政治联姻产物的孙夫人，跟年长自己快三十岁的刘备很难聊得到一块去。对刘备来说，蹉跎半生终于得势，抓紧机会扩大地盘才是头等大事，他需要的是一个贤惠的内助。很不巧，孙夫人从小没受过这方面的熏陶。新婚的两人，并未像大多数夫妻那样度过一段蜜月期。刘备的心思全都集中在如何抢占益州的地盘上，几乎无暇顾及新娶的妻子。然而，孙夫人并未因此感到孤寂或冷落，反而乐在其中。她不愿像那些被遗忘的怨妇一样，整日唉声叹气、悲春伤秋。对她而言，这样的生活或许更为自在。

虽然已经嫁为人妇，可孙夫人没有半点安全感，于是，她自己操练了一支百余人的亲卫侍从，这支卫队只听令于自己。这些侍从虽出身婢女，但在孙夫人的悉心指导下，个个化身为英姿飒爽的带刀侍卫。连刘备想要进孙夫人的房间，都得从这些婢女侍卫的刀斧下经过。这让雄主刘备都不由紧张万分，生怕稍有冒犯招致杀身之祸。因此，虽然出于联合东吴形势的考虑娶了孙夫人，但对这位孙夫人，刘备一直敬爱有加。

女性的安全感，源自内心的坚强与独立，既然没有外界的庇护，孙夫人就自己疼爱自己。她虽然顾全大局，但也不委曲求全，为了东吴，孙夫人可以心甘情愿地嫁给刘备。然而，在不违背原则的前提下，她始终懂得哄自己开心，给予自己所需的安全感。

深知孙夫人的个性独特，刘备特意指派沉稳的赵云在她身旁守护，甚至于怕孙夫人惹出事，干脆在荆州建了一座"孙夫人城"，专门安置孙夫人跟她的卫队侍从。

刚强果敢女中豪杰

天下大势，分久必合，合久必分。再亲密的联盟关系也会出现裂痕。刘备在占领荆州后，目光转向了益州刘璋的领地，这一举动使得孙权心中五味杂陈。原本两股势力并驾齐驱，共同抵御曹操的侵袭，若刘备成功拿下益州，他对孙权的威胁将不亚于北方的曹操。

两方势力暗流涌动，刘备的谋主法正因此忧心忡忡，他担忧孙夫人心系孙吴，便建议刘备与孙夫人保持距离。这使得孙夫人陷入了一个微妙的境地：虽然联姻被迫嫁了刘备，但刘备对她的尊重和理解让她感到欣慰。而孙权作为她的哥哥，虽然出于联盟的考虑将她联姻刘备，但心底里对她关爱有加。

面对这样的两难境地，孙夫人并没有做出柔弱的姿态去逃避。她明白，为了不让刘备为难，也为了让孙权心安，她必须做出抉择。因此，在刘备进入蜀地之后，她毅然决然地选择返回吴国。这样，她既不会成为刘备追求雄图伟业的绊脚石，也让孙权迎回了心爱的妹妹，从而消除了他对蜀汉势力进行决策时的顾虑。

东吴掌上明珠、蜀汉夫人的双重身份，让孙夫人在两方势力的拉扯中进退两难，可刚强果敢的孙夫人却不曾矫情半分。也正因如此，在群英荟萃的三国舞台上，孙夫人独树一帜的女中豪杰气质，就更显得"可爱"。